Le cristal et la chimère

DU MÊME AUTEUR

Histoire de Truite-Agile, Éditions Variétés, 1944.

Entretiens sur la vie, Éditions Beauchemin, 1953.

Le monde des plantes (en collaboration avec Auray Blain), Éditions du C.P.P., 1959.

Le sel de la semaine, entretiens télévisés avec Han Suyin, Jean Rostand, Michel Simon, François Mauriac, Louis Aragon et Gilles Vigneault (6 vols), Éditions Ici Radio-Canada et Éditions de l'Homme, 1969.

Les chemins de la science (en collaboration avec Bernard Sicotte), manuels scolaires, de la maternelle à la sixième année, adaptés de l'édition américaine (14 vols), Éditions du Renouveau pédagogique, 1970-1974.

Le sel de la science, Québec Science éditeur, 1980.

La bombe et l'orchidée, Éditions Libre Expression, 1987.

Fernand SEGUIN

Le cristal et la chimère

Maquette de la couverture: France Lafond
Photo de la couverture: Mia & Klaus

Photocomposition et mise en pages: Imprimerie Gagné

Tous droits de traduction et d'adaptation réservés;
toute reproduction d'un extrait quelconque de ce livre
par quelque procédé que ce soit, et notamment par photocopie
ou microfilm, strictement interdite sans l'autorisation
écrite de l'éditeur.

© Éditions Libre Expression, 1988

Dépôt légal:
3ᵉ trimestre 1988

ISBN 2-89111-311-X

Le cristal
et la chimère

De notre premier cri jusqu'à notre dernier souffle, notre existence s'use ainsi que la pierre au jeu des ricochets, à distinguer le cristal d'avec la chimère, la dure réalité d'avec les fantasmes qu'invente notre imagination dans l'espoir d'échapper à la banalité du quotidien.

Quête le plus souvent futile puisque nos sens nous égarent et nous font prendre pour joyau ce qui n'était que fumée, pour richesse ce qui n'était qu'illusion, pour possession ce qui n'était que vaine étreinte. La faute n'en est pas aux apparences, qui ne sont pas seules trompeuses; la réalité elle-même se pare d'oripeaux qui la dissimulent à nos yeux.

Confondre le cristal et la chimère à la recherche toujours recommencée de l'inaccessible, c'est un jeu tantôt fascinant, tantôt cruel, qui se joue malgré nous, pieds et mains liés, jusqu'à l'instant ultime où nous retrouverons peut-être — qui sait? — *le paradis perdu de nos bras dénoués.*

Fernand Seguin, mai 1988.

Préface

Et la vie a passé
le temps d'un éclair au ciel sillonné

Fernand Seguin, qui savait aussi bien apprécier la compagnie des poètes que celle des savants, aurait sans doute choisi ce vers d'Aragon pour servir d'épigraphe à son incursion dans le monde de la vie. Il connaissait trop la valeur relative du temps pour s'étonner de sa fuite ou s'indigner de sa limite. La «Grande Faucheuse», comme il disait, avait eu la politesse de l'informer à l'avance de son passage; il a donc eu l'élégance d'être exact au rendez-vous et il nous a quittés à la mi-temps de l'année 1988.

Ce livre regroupe les dernières chroniques scientifiques de Fernand Seguin qui ont été diffusées par la société Radio-Canada dans le cadre de l'émission radiophonique *Aujourd'hui la science*. Il fait donc suite à *La Bombe et l'Orchidée*, publié à l'automne de 1987. Fernand Seguin tenait beaucoup à ce que ces derniers textes soient publiés et m'a donc demandé d'assumer le travail de regroupement et d'adaptation qui serait nécessaire pour transformer ces narrations radiophoniques en un document propice à la lecture.

Il n'est sans doute pas exagéré de dire que la qualité de l'accueil réservé à *La Bombe et l'Orchidée* a constitué l'une des plus grandes satisfactions professionnelles de Fernand Seguin. Lui qui avait mené toute sa carrière dans le monde évanescent des médias électroniques voyait dans l'édition un moyen de donner une certaine permanence à son travail de réflexion sur la science. Ces chroniques constituent la quintessence de la pensée de Fernand Seguin relativement à la démarche et à la culture scientifiques ainsi qu'aux responsabilités que la communauté des chercheurs doit assumer dans la société moderne.

Lui-même homme de science, Fernand Seguin a cultivé avec fierté cette recherche sincère de la vérité des choses qui est à la base même de la démarche scientifique. Aussi à l'aise dans ses dénonciations de certains abus de la philosophie écologiste que dans ses critiques de l'inflation technologique, il se plaisait à rappeler que l'idéologie est toujours mauvaise maîtresse au royaume de la connaissance. Scientifique sans être scientiste, il savait que la connaissance de la nature est une composante essentielle de la culture humaine. Avec imagination, passion et humour, il nous présente donc une science à visage humain.

Plutôt que d'avoir été un serviteur de la communauté scientifique, Fernand Seguin en est humblement devenu la conscience; une conscience qui, au lieu de s'évanouir au tournant des dernières pages de ce livre, aura plutôt essaimé dans l'esprit de chacun de ses lecteurs. Fernand Seguin a voulu faire de ce livre un présent amical, une porte qui s'ouvre sur cette joie de connaître qui a été la force motrice de toute sa vie. Acceptons donc avec plaisir cette carte de visite toute personnelle.

Jean-Marc Carpentier.

La vie

L'individu
de 115 ans

« L'homme est programmé pour vivre cent quinze ans»; c'était dans le journal, l'autre jour, une manchette étalée sur huit colonnes. L'oeil a beau en avoir vu d'autres, il est attiré par ce qui semble être l'annonce d'une découverte, la révélation d'une promesse, au pire la formulation d'un reproche à l'adresse des négligents qui se laissent mourir avant l'échéance lointaine à laquelle ils pourraient avoir droit si seulement ils faisaient attention à leur santé. On se laisse donc tenter, on commence à lire, on apprend qu'un Japonais est mort récemment juste avant de fêter son 121e anniversaire, on cherche en vain la démonstration de cette supposée longévité de cent quinze ans qui serait inscrite dans notre biologie et l'on s'aperçoit que l'article prometteur cherche simplement à attirer l'attention sur un prochain congrès consacré au vieillissement.

S'évadant du texte de l'article, la mémoire vagabonde remonte aux années trente, époque où les journaux étaient remplis de récits de vieillards ayant franchi allègrement le cap des cent ans, des cent vingt ans ou même des cent quarante ans, chacun avec son secret particulier. À la réflexion, on constatait que la plupart de ces oubliés de la Grande Faucheuse étaient originaires de la Géorgie, obscure province russe caractérisée par l'absence de registres d'état civil nettement documentés, où la longévité était favorisée, au-delà d'un certain âge, par l'amnésie relativement à la date de naissance. Les mêmes estimations fantaisistes ont été rapportées plus tard dans le cas des habitants d'une vallée colombienne où l'alcool et la feuille de coca étaient les adjuvants d'une longévité exceptionnelle. On ne prête qu'aux riches, dit-on; on prête également aux vieillards, pourvu qu'ils dépassent la centaine de bougies sur leur gâteau d'anniversaire.

Ce fol espoir, sinon d'une jeunesse éternelle, à tout le moins d'une existence libérée des maladies, de l'usure, des ralentissements physiologiques ou psychologiques, bref d'une vieillesse qui se confondrait avec une jeunesse prolongée, ce fol espoir est en fait celui d'une immortalité dont nous n'arrivons pas à admettre qu'elle nous soit un jour refusée. Cet espoir est d'autant plus chimérique qu'il commence à nous envahir à l'âge où, soudain conscients de nos imprudences passées, de nos erreurs, de nos excès, de nos oublis à l'égard des avertissements donnés par notre organisme, nous croyons naïvement qu'il nous suffit désormais d'entrer en sagesse pour entrer en santé, toutes nos hypothèques étant levées par les bonnes résolutions.

Les connaissances actuelles sur l'évolution de l'organisme humain en fonction du temps sont-elles de nature à nous rassurer? Il faudrait, pour cela, qu'elles aient une valeur individuelle et non pas une simple signification statistique applicable uniquement aux populations. Il semble, par exemple, que l'espérance de vie à la naissance n'ait pas beaucoup varié depuis une trentaine d'années: environ soixante-dix ans pour les hommes et quelques années de plus pour les femmes, en tenant compte de tous les facteurs de risque qui menacent la population. Il s'agit évidemment d'une moyenne puisqu'il est bien connu que l'on meurt à tout âge et que les centenaires sont moins les héros de quelque prouesse biologique que les veinards d'une loterie dont les numéros sont distribués au hasard. Cette durée moyenne de l'existence, distribuée autour de soixante-dix ans, n'a d'ailleurs guère changé au cours des temps, si l'on prend soin d'exclure des calculs ceux qui ont succombé en bas âge, qui ont été victimes des maladies infectieuses de l'enfance ou qui ont été fauchés par les grandes épidémies. Le même chiffre approximatif de soixante-dix ans est d'ailleurs mentionné à l'époque biblique.

Il semble donc qu'il y ait une programmation biologique, probablement inscrite dans le patrimoine génétique — on sait que la longévité comporte une composante héréditaire —, une programmation qui, sauf accident ou traumatisme, scande le déroulement de notre destin. Seuls les inconditionnels de la Terre promise biomédicale peuvent attendre un allongement significatif de l'existence humaine. Si la prolifération des orthèses et des prothèses, des transplantations d'organes et des greffes biochimiques, neuronales ou génétiques présente à leurs yeux le couronnement souhaitable d'une vieillesse en période supplémentaire, à des coûts sociaux exorbitants, on peut se demander s'il n'existe pas un idéal de vie préférable à celui de se présenter au seuil de l'Éternité en pièces détachées, et de se voir référer au magasin des accessoires afin de s'y procurer un supplément d'âme.

La longévité des femmes

L'image est assez répandue pour ressembler à un cliché: le mari, homme d'affaires prospère, est mort d'une crise cardiaque dans la cinquantaine, et sa veuve, riche héritière, promène son désoeuvrement sur les navires de croisière qui sillonnent les Antilles ou, à un moindre degré d'opulence, sur les plages qui avoisinent les condos de la Floride. Car les femmes, nous le savons mieux depuis qu'on a commencé à dresser des statistiques, vivent en moyenne de cinq à six ans plus longtemps que les hommes, dans l'ensemble des pays industrialisés.

Sur les causes de cette plus grande longévité féminine, on s'interroge depuis longtemps, aussi bien pour essayer d'en percer les mécanismes que dans l'espoir d'en trouver une recette applicable aux hommes. Mais, au-delà de la constatation brute, les données ne sont pas faciles à interpréter.

La dernière étude, effectuée par un épidémiologiste britannique, s'attache aux différences liées au sexe en ce qui concerne la mortalité provoquée par les maladies les plus importantes entre soixante-cinq et soixante-quatorze ans. Dans ces groupes d'âge, les deux tiers des décès sont causés par quatre grandes catégories de pathologies: les maladies ischémiques du coeur, les accidents cérébro-vasculaires, les maladies respiratoires chroniques et le cancer du poumon. Dans l'ensemble, la mortalité masculine est le double de la mortalité féminine; les maladies ischémiques du coeur représentent à elles seules 43 % de la différence observée.

Il y a une quinzaine d'années, le tabagisme pouvait à lui seul expliquer les trois quarts du surplus de décès masculins, aussi bien pour les maladies cardiaques que pour le cancer du poumon. Mais les habitudes ont changé et les différences entre hommes et femmes se sont amenuisées; même en éliminant les facteurs de risque classiques, tels que l'hypertension et les antécédents familiaux, la mortalité chez les hommes de cette tranche d'âge demeure le double de celle des femmes.

En dépit de l'arrivée d'une proportion grandissante de femmes sur le marché du travail depuis la fin de la Deuxième Guerre mondiale, ce sont en majorité des hommes qui occupent les emplois les plus dangereux; aussi la mortalité attribuable aux accidents du travail est-elle cinquante fois plus élevée chez les hommes que chez les femmes, ce qui augmente sensiblement le taux de survie de ces dernières. Les hommes ont également des habitudes de vie plus risquées: les grands buveurs y sont vingt fois plus nombreux que chez les femmes; le nombre de toxicomanies et de maladies transmises sexuellement y est aussi notablement plus élevé.

L'attitude des femmes à l'égard de leur santé n'est pas étrangère à leur longévité accrue: elles adoptent plus volontiers des mesures d'hygiène préventive et recourent plus fréquemment que les hommes aux services de santé disponibles. Néanmoins, leur taux de survie après diagnostic d'une pathologie importante ne diffère pas sensiblement de celui des hommes. La différence semble tenir au fait que les femmes sont surtout vulnérables à des maladies chroniques non mortelles telles que l'arthrite, la colite et la constipation, tandis que les hommes présentent une prévalence plus grande d'emphysème, de maladies ischémiques du coeur, d'artériosclérose et de maladies cardiovasculaires.

Dans l'ensemble, le tableau épidémiologique des causes de mortalité révèle une plus grande tolérance des femmes aux maladies les plus meurtrières, que les différences dans le mode de vie n'expliquent pas complètement. À cet égard, on croit de plus en plus à l'influence déterminante d'un facteur génétique lié à la présence de deux chromosomes X chez la femme, alors qu'il n'y en a qu'un chez l'homme. Ainsi le sexe faible serait, à l'égard de la maladie et de la survie, le véritable sexe fort.

L'auteur de l'étude que je viens de commenter se console, si j'ose dire, à la pensée que les femmes, si elles vivent plus longtemps que les hommes, ne font pas des veuves joyeuses. Elles survivent dans l'isolement et dans la solitude, et, lorsqu'elles parviennent à un âge plus avancé, elles sont sujettes à l'impotence et à la sénilité. L'étude, d'ailleurs, s'intitule: «Pourquoi les femmes vivent-elles plus longtemps que les hommes et cela en vaut-il la peine?» Il me semble que l'on pourrait dresser un tableau plus rose de la situation des femmes en faisant voir les avantages d'une jeunesse prolongée. La femme, parce qu'elle vit plus longtemps, demeure jeune et fraîche plus longtemps, comme si l'image que l'on se forme de la jeunesse dépendait de la durée de la vie. Lorsque la femme ne vivait en moyenne que quarante ans, elle était déjà mariée à quinze ans et commençait à vieillir à vingt ans. La vingt-cinquième année marquait d'ailleurs l'âge redouté où la femme célibataire devenait vieille fille. Même à l'époque de Balzac, son roman célèbre *La Femme de trente ans* décrivait le dernier amour d'une femme mûrissante. Cela nous paraît bien risible aujourd'hui, car à nos yeux la femme de trente ans ressemble encore à une jeune fille en fleurs, celle de quarante ans a l'âge des séductrices et celle de cinquante ans vit la plénitude de son épanouissement.

Ainsi, la plus belle vertu de la longévité féminine, c'est la persistance de la jeunesse.

Le nouveau visage de l'épidémiologie

Tout comme la nostalgie, l'épidémiologie n'est plus ce qu'elle était. Il fut un temps où elle s'appliquait à étudier, fidèle à son étymologie, les principales maladies épidémiques, donc les maladies infectieuses qui ravageaient, selon les cas et les époques, des tranches plus ou moins importantes des populations: le choléra, la peste, la fièvre typhoïde ou la polio.

Appuyée sur les travaux de Graunt au XVIIe siècle puis sur ceux de Farr à la fin du siècle dernier, l'épidémiologie s'intéressa d'abord aux taux de mortalité occasionnée par les maladies infectieuses, puis à leur incidence et subséquemment à leur prévalence, c'est-à-dire à l'apparition de nouveaux cas. Le champ s'étendit bientôt aux personnes à risque, aux relations entre les maladies et les différents facteurs de risque, bref à des études qui menaient tout droit à la détection des agents biologiques responsables et à leur élimination par le recours à des mesures d'hygiène adéquates.

La victoire quasi complète sur les maladies infectieuses — au moins dans les pays industrialisés — conduisit l'épidémiologie à s'intéresser aux autres causes de mortalité et de morbidité: les maladies chroniques telles que les affections cardiaques, le cancer, les troubles vasculaires, le diabète, les maladies respiratoires, les blessures, les accidents, le suicide et même l'alcoolisme et les autres toxicomanies. Grâce à l'épidémiologie, on fut bientôt en mesure de classer les principales causes de mortalité par ordre d'importance et de faire porter les efforts de prévention sur les risques de mortalité les plus évidents.

À mesure qu'augmentait l'espérance de vie, on sentit le besoin d'introduire une autre notion pour juger de l'importance d'une pathologie: la perte du nombre d'années utiles. On veut dire par là que le décès d'un automobiliste de vingt-cinq ans est plus grave, en termes de perte pour la société, que celui d'un individu de soixante-quinze ans qui succombe à une pneumonie. Dans le premier cas, l'individu avait encore environ quarante ans de vie active, productive, devant lui; dans le second cas, le vieillard avait à toutes fins utiles épuisé ses années actives. C'est une notion qui, à mon gré, est trop exclusivement axée sur les aspects quantitatifs d'une existence, aux dépens des apports intellectuels ou culturels qu'un citoyen peut fournir à la collectivité, même s'il ne vit pas jusqu'à soixante-quinze ans. C'est là le danger d'une épidémiologie qui ne raisonne que par statistiques.

Lorsque la nouvelle épidémiologie a délaissé les maladies infectieuses pour s'attaquer aux maladies chroniques, elle n'a pas échappé à un autre danger: celui de conclure trop hâtivement à l'existence de causes bien nettes, de relations de cause à effet, là où ses analyses ne révélaient que des corrélations entre les maladies et les facteurs de risque. Affirmer que tel facteur est la cause unique d'une maladie chronique, comme on l'a fait dans le cas de nombreuses affections et comme on continue de le faire, par exemple, pour la maladie cardiaque, le cancer du poumon ou l'artériosclérose, c'est induire les citoyens en erreur et masquer la complexité de la réalité médicale. L'extrême limite de cette confusion intellectuelle consiste à essayer de faire croire aux gens que la fumée du tabac est plus dangereuse pour les non-fumeurs que pour les fumeurs.

Le plus récent visage de l'épidémiologie se rapporte à l'usage de l'héroïne et à celui, plus récent, de la cocaïne, que l'on propose de considérer comme des maladies infectieuses. On prétend que le toxicomane est la victime infectée, la drogue l'agent pathogène et le *pusher* l'agent infectieux. Cela me paraît étendre le champ de l'épidémiologie au-delà des limites du raisonnable.

L'épidémiologie pourrait se contenter des questions importantes qui sont de son ressort et qui justifient son activité, en particulier le raffinement des relations qui existent entre les maladies et les facteurs de risque ainsi que la détermination des priorités dans le domaine de la prévention.

L'incertitude des risques

L'information scientifique qui parvient au grand public n'a plus le caractère rassurant qu'elle possédait autrefois, surtout dans le domaine biomédical, qui intéresse au premier chef les consommateurs que nous sommes devenus. Dans la foulée des grandes découvertes du début du siècle, nous avions pris l'habitude de considérer les maladies comme des afflictions temporaires dont la recherche de médicaments miracles devait rapidement nous débarrasser. À notre soif de certitudes et d'espoirs à court terme, la science offrait alors des réponses précises et vérifiables à court terme. Dieu que la science était belle sous les antibiotiques, et comme nous avions confiance en elle, même si nous soupçonnions, depuis l'explosion des nouvelles armes nucléaires, que certaines applications scientifiques pouvaient amener la destruction d'une partie de l'humanité.

Après l'émergence des maladies dites de civilisation, pour lesquelles l'identification des causes et les indications thérapeutiques sont entrées dans une zone grise, la cote d'amour à l'égard de la science a subi une éclipse. La situation est devenue encore plus ambiguë depuis que se sont accumulées les menaces sur l'environnement, pour lesquelles les solutions, lorsqu'elles existent, ne sont jamais simples. L'ensemble de ces événements a créé, entre la science et le public, non pas un dialogue mais deux monologues de sourds.

Semblables à ces amants inquiets qui cherchent à apaiser leur angoisse en réclamant des certitudes, fussent-elles illusoires, les citoyens ne demandent plus des solutions toutes faites; ils veulent simplement qu'on les rassure, en leur fournissant des données scientifiques, sur les risques qu'ils courent à l'égard d'une maladie ou d'une pollution spécifique. Fausses questions, fausses réponses: les chercheurs ont trouvé l'échappatoire qui consiste à chiffrer, grâce à des méthodes statistiques, les risques encourus dans tel cas particulier. Ainsi s'est créée la discipline récente de l'évaluation scientifique, assortie de tableaux et de graphiques, qui est probablement la perversion la plus flagrante de l'interprétation scientifique dans le domaine de la santé. Perversion d'autant plus redoutable que certains chercheurs, désireux de préserver leur image surannée de grands prêtres infaillibles, se gardent bien d'insister sur l'imprécision de leurs résultats, sur les contradictions manifestes entre les résultats de chercheurs différents et, surtout, sur l'inutilité quasi absolue de ces données pseudo-scientifiques appliquées à des cas individuels.

On vous dit, par exemple, en tenant compte du taux annuel de nouveaux cancers et de l'espérance moyenne de vie à la naissance, que le risque de cancer est de vingt-cinq pour cent au cours de votre existence; en fait, votre risque individuel s'établit à zéro pour cent tant que vous ne l'avez pas, et à cent pour cent dès que vous l'avez. Entre temps, vous êtes soumis à des centaines, sinon à des milliers de facteurs cancérigènes, dont les évaluations statistiques de risque font tour à tour les manchettes sans que personne, jamais, n'avoue la fragilité de leurs fondements scientifiques, surtout lorsqu'il s'agit d'en comparer la gravité. Devez-vous cesser de fumer? Ce serait une mesure efficace, surtout si vous venez à peine de commencer. Mais savez-vous que le potassium isotopique, présent naturellement dans votre organisme, vous donne un taux de radiation mille cinq cents fois plus élevé que celui que vous subiriez en habitant à vingt kilomètres d'une centrale nucléaire? Si vous craignez, avec raison sans doute, les substances inventées par l'industrie chimique, n'oubliez pas que certains aliments naturels non transformés, tels que le maïs et les cacahuètes, contiennent des aflatoxines, des substances reconnues comme étant de puissants cancérigènes. Sachez enfin que, si vous vous inquiétez trop à ruminer les risques que vous courez, votre risque de contracter un ulcère d'estomac va augmenter. En poussant à l'absurde, on peut même affirmer, statistiques à l'appui, que s'il vous arrive d'être mortellement heurté par une automobile, votre risque de mourir d'un cancer du poumon va tomber automatiquement à zéro.

On pourrait ajouter que l'évaluation pseudo-scientifique des risques devrait tenir compte de facteurs qualitatifs que l'on oublie couramment au profit des seules données chiffrées. Les décès collectifs survenus en même temps et au même endroit sont perçus différemment de ceux qui sont dispersés dans le temps et dans l'espace, même si ces derniers sont plus nombreux; les risques relatifs à l'alimentation sont perçus de façon plus émotive, à cause de la persistance du mythe du poison, comme le sont les risques de radiations à cause de leur mystère; enfin, les risques que l'on considère inéluctables nous sont plus indifférents que ceux sur lesquels nous avons l'illusion de pouvoir agir.

Dans la confusion actuelle qui entoure la notion statistique du risque, il n'est pas facile d'indiquer des solutions applicables à la conduite individuelle de la vie. On pourrait peut-être commencer par souhaiter moins de crédulité de la part du public, moins de sensationnalisme de la part des fabricants de nouvelles et plus d'humilité de la part des chercheurs.

Travail et grossesse : le danger des écrans cathodiques

À bien y réfléchir, il y a quelque chose de profondément sexiste dans le fait de consacrer le 8 mars à la journée internationale de la Femme, et de l'oublier pendant les trois cent soixante-quatre autres jours, comme s'il suffisait aux hommes de marquer la présence féminine par un seul geste symbolique annuel. C'est le défaut de ces journées internationales, qui prolifèrent depuis quelques années: il y en a pour l'enfant, pour les handicapés, pour le Tiers-Monde, pour la paix et, sans doute bientôt, pour les victimes du sida. À ce compte, il ne restera plus de place pour la journée internationale du monde ordinaire. Nous sommes revenus aux temps du fabuliste La Fontaine, alors que «monsieur le curé, de quelque nouveau saint, chargeait toujours son prône».

En manière de réaction, et puisque nous pourrions fêter l'anniversaire hebdomadaire de la journée internationale de la Femme, je voudrais vous entretenir d'une vaste enquête épidémiologique sur les risques associés au travail de la femme enceinte, enquête qui a été financée par l'I.R.S.S.T. (l'Institut de Recherches sur la Santé et la Sécurité du Travail). Une enquête sans précédent, par son ampleur, dans l'histoire du Québec et même du Canada. Une enquête qui se proposait d'étudier si les agents physiques, chimiques ou biologiques, ainsi que les facteurs psychosociaux observables dans le milieu du travail, pouvaient avoir une influence négative sur les travailleuses enccintcs.

Au nombre des risques possibles, on avait mentionné depuis quelques années l'exposition des travailleuses à ce qu'on appelle les écrans cathodiques, c'est-à-dire les terminaux à écran de visualisation (ou T.E.V.), dont l'usage n'a cessé de se répandre depuis le début des années soixante-dix. On craignait les effets des radiations ionisantes ou électromagnétiques que ces T.E.V. pouvaient émettre, bien que leur intensité fût très faible. On redoutait, en particulier, les conséquences de ces radiations sur l'issue des grossesses: avortement, prématurité ou présence d'anomalies congénitales. L'étude de ces éventualités a donc été la première préoccupation de l'équipe engagée dans le programme «Grossesse et travail» de l'I.R.S.S.T.

Pour donner une idée de l'ampleur de l'enquête instituée afin de répondre à cette question, mentionnons que des enquêteuses ont interrogé, entre 1982 et 1984, environ cinquante-six mille femmes hospitalisées dans onze centres hospitaliers de Montréal pour accouchement ou avortement, ce qui représente la presque totalité des grossesses survenues à l'époque dans la région montréalaise. Ces femmes ont également été interrogées sur l'issue de leurs grossesses antérieures, le cas échéant, ce qui représente un échantillon total de près de cent cinq mille grossesses, un nombre fort impressionnant et, faut-il le dire, éminemment représentatif. Toutes ces femmes étaient évidemment en âge de procréer et la moitié d'entre elles occupaient, durant la période de leur grossesse actuelle ou antérieure, un emploi régulier à raison d'au moins trente heures par semaine. Parmi ces femmes, les enquêteuses ont pu identifier environ dix-huit mille travailleuses qui avaient été en contact régulier avec des écrans T.E.V. (au moins quinze heures par semaine). C'est cet échantillon que l'on a comparé à un nombre égal de travailleuses enceintes qui n'étaient pas des utilisatrices.

À la suite de l'analyse exhaustive de cette banque de données, les résultats obtenus permettent de dissiper toutes les appréhensions que l'on pouvait entretenir sur les risques potentiels des T.E.V. liés à l'issue de la grossesse. Dans le groupe des utilisatrices comme dans celui des non-utilisatrices, les taux d'avortement spontané, de prématurité et d'anomalies congénitales sont sensiblement les mêmes, sans aucune différence statistique significative. Il n'existe même pas de relation entre le taux d'avortement et le degré d'utilisation des écrans T.E.V. par les travailleuses enceintes. À une époque où l'on préfère monter en épingle les résultats alarmistes plutôt que les résultats rassurants, il est possible que la publication de l'enquête épidémiologique de l'I.R.S.S.T. ne reçoive pas toute la publicité souhaitée. Au moins, que celles de nos lectrices qui entretenaient des craintes sur cet aspect du travail féminin sachent qu'il ne comporte aucun danger pour l'issue de la grossesse. Cela ne veut pas dire qu'il n'y a pas d'autres aspects de l'utilisation des T.E.V. qui méritent l'attention, en particulier les troubles éventuels de la vision ou les malaises posturaux. Ces derniers font d'ailleurs l'objet d'une enquête séparée dont les résultats seront publiés bientôt.

En attendant, on peut affirmer que cette enquête épidémiologique possède l'avantage de calmer l'inquiétude qu'avait suscitée l'apparition des écrans T.E.V. dans les milieux de travail.

Plaidoyer pour la femme enceinte

Entre le relâchement des conduites morales et la tyrannie des contraintes punitives, il existe depuis toujours un mouvement de va-et-vient accéléré par l'envahissement de la société de communication; la sagesse, qui tente de se tenir au milieu, comme on aime à le dire, s'essouffle à essayer de retenir le pendule à son point d'équilibre. Ainsi, en un quart de siècle, nous sommes passés d'une libération sexuelle — qui était en fait un débridement excessif contre un terrorisme psychologique trop longtemps accepté — à un climat punitif qui s'alimente à de nouvelles craintes relatives à notre santé personnelle et à celle des autres. On pourrait choisir, afin d'illustrer la nouvelle tendance puritaine, la campagne d'épouvante qui se livre actuellement à l'égard de la contagion du sida. Mais l'exemple est trop excessif et les passions trop vives. Choisissons plutôt la santé de la femme enceinte et les menaces qui pèsent sur l'enfant à naître.

Les jeunes couples qui, de nos jours, s'inscrivent à des cours prénataux risquent de se trouver en présence d'animatrices (ou de thérapeutes, ou d'intervenantes, on ne sait plus) qui sont formées, sauf exception, à leur tenir un langage infantile comme celui qu'on emploie pour les vieillards, un langage qui mêle le sourire de la complicité à la rigueur de la mise en garde, un langage qui donne aux «petites mères», comme on dit en ces milieux, le double sentiment d'être impuissantes devant ce qui leur arrive et d'être responsables de ce qui pourrait arriver à l'enfant. On leur demande, ce qui est fort louable, de surveiller particulièrement leur santé et leur alimentation. Dans la même foulée, on leur interdit le tabac, le café et l'alcool en brandissant les menaces qui pèsent sur l'intégrité de l'enfant à naître si elles ne suivent pas à la lettre ces prescriptions rigoureuses. Comme la plupart des jeunes femmes qui s'inscrivent à ces cours prénataux sont déjà enceintes de deux mois et que plusieurs d'entre elles ont déjà fumé, bu du café ou consommé de l'alcool, même si c'était en quantité modérée, elles se sentent coupables avant même d'entreprendre les cours; il ne leur reste, semble-t-il, qu'à expier leurs fautes pendant les sept mois suivants, dans l'espoir qu'en abandonnant les mauvaises habitudes précédemment contractées, elles ne compromettront pas trop gravement la santé de l'enfant à naître.

Disons tout de suite que les règles d'hygiène que l'on prescrit aux futures mères sont irréprochables dans la mesure où le foetus gagne à être protégé contre toutes les agressions internes ou externes auxquelles il peut être exposé dans le sein maternel. Doit-on, pour cela, pratiquer une sorte de terrorisme psychologique en agitant les pires épouvantails? À quel moment le mieux devient-il l'ennemi du bien?

À cet égard, on vient de publier une étude fort documentée, subventionnée par Santé et Bien-Être Canada, et confiée à une équipe de chercheurs de l'université Carleton à Ottawa. L'étude, effectuée auprès d'environ sept cents jeunes femmes enceintes d'un âge moyen de vingt-neuf ans, s'attache à décrire les effets, sur le nouveau-né et sur l'enfant suivi jusqu'à douze mois et vingt-quatre mois, de la consommation par la mère des drogues douces suivantes: alcool, cannabis, tabac et caféine. Les résultats mériteraient d'être abondamment diffusés car ils sont susceptibles d'atténuer grandement l'inquiétude qui s'empare souvent de la femme enceinte à la pensée de sa responsabilité à l'égard de l'enfant.

La conséquence fâcheuse la plus étudiée, celle que l'on brandit le plus souvent, c'est la diminution du poids du nouveau-né provoquée par les drogues douces ainsi que la réduction de la circonférence du crâne. Dans le cas du cannabis ou de la caféine (aussi bien celle du café que celle des boissons de type cola), aucun effet pondéral à la naissance du bébé n'a été observé et il y a même, dans le cas du cannabis, une légère augmentation, attribuable sans doute à la stimulation de l'appétit chez la mère. Dans le cas de l'alcool, au-delà d'une dose quotidienne d'une once d'alcool pur, et, dans le cas du tabac, pour une consommation quotidienne d'un paquet de cigarettes, les résultats de l'étude de Carleton confirment ce qui était déjà connu, à savoir que le poids du nouveau-né est légèrement inférieur à la normale. Cependant, après douze mois, le bébé présente un poids normal, de même qu'après vingt-quatre mois, ce qui tend à montrer que la diminution de poids tant redoutée n'était qu'une conséquence temporaire. On objectera qu'un faible poids à la naissance rend le nouveau-né plus fragile à l'égard des maladies infantiles, mais, dans un pays comme le nôtre, les habitudes d'hygiène et d'alimentation qui ont cours à cet âge réduisent singulièrement les risques appréhendés.

Ce que l'on peut retenir en gros, c'est qu'il n'est évidemment pas souhaitable que les femmes enceintes fassent une consommation excessive de cigarettes et d'alcool, mais qu'il ne faut pas non plus grossir démesurément les risques d'une consommation modérée. Il faut aussi penser à la femme enceinte et à son bien-être psychologique. La grossesse, pour la majorité des futures mères, est une aventure merveilleuse qui entraîne également son cortège de stress. Si le fait de fumer quelques cigarettes, de prendre un bon café le matin ou de s'offrir un verre de vin à l'occasion peut procurer quelque contentement à la future mère, on aurait mauvaise grâce à la priver de ces plaisirs au nom d'une austérité qui s'apparente davantage au puritanisme qu'au maintien de la santé.

Les ressorts de la natalité

Ce n'est pas un métier enviable que celui de démographe. Il comporte une fausse certitude, qui est celle de l'énumération, dont on sait que, pour les grands nombres, elle ne peut donner que des approximations. Même dans le cas des recensements les plus exhaustifs comme les pays ont l'habitude d'en faire tous les dix ans, on ne peut compter ni les marginaux ni les errants. C'est encore pire pour les évaluations démographiques du nombre de chômeurs ou d'assistés sociaux: on arrive à une imprécision qui s'apparente à celle des sondages.

De plus, on demande souvent aux démographes d'interpréter les données qu'ils obtiennent, d'expliquer les variations passées et de prédire les fluctuations futures. Les démographes se retrouvent devant un réseau de causalités qu'il leur est quasi impossible de démêler. Prenons le cas du faible taux de natalité des Québécois, qui inquiète une assez forte proportion de nos concitoyens et conduit à une baisse relative de notre poids démographique dans l'ensemble du Canada, surtout avec l'arrivée de vagues successives d'immigrants (ils forment maintenant 28 % de la population québécoise), des immigrants qui sont d'ailleurs accueillis avec des sentiments ambivalents que l'on n'ose pas toujours exprimer. Il est significatif que l'arrivée de ces nouveaux citoyens coïncide avec des appels de plus en plus pressants au relèvement de la natalité québécoise.

À ceux qui rêvent d'une nouvelle revanche des berceaux, ce qui relève plus des arts martiaux que de la procréation, il faut rappeler que les démographes n'ont jamais su expliquer les courbes de natalité autrement que par des généralités douteuses qui n'arrivent pas à rendre compte de motivations très complexes et la plupart du temps strictement individuelles. Les taux de natalité ne sont guère du ressort collectif. Ils se construisent, sauf exception, dans le secret des draps de chaque couple en mesure de procréer.

Il n'est guère plus facile d'expliquer les fluctuations du taux de natalité au cours des siècles passés. J'en trouve l'illustration dans l'excellent travail que la sociologue écossaise Valerie Fildes vient de consacrer aux relations de la natalité avec l'allaitement au sein, en Grande-Bretagne, du XVIe siècle à la fin du XVIIIe. Les spécialistes savent qu'à cette époque il s'est produit un véritable «boom» de la natalité au sein de l'aristocratie et de la riche bourgeoisie, une explosion démographique temporaire limitée au secteur fortuné de la population.

Afin d'en démêler l'histoire, Valerie Fildes est allée au-delà de la démographie statistique. Elle a consulté les archives, les journaux personnels, les écrits des médecins et des sages-femmes, les correspondances privées et les témoignages des observateurs. Le résultat de ses travaux est fort instructif. Partant de l'observation que les femmes de l'aristocratie britannique, au début du XVIe siècle, étaient devenues rapidement très fécondes, mettant fréquemment au monde de douze à vingt enfants et souvent jusqu'à trente, Valerie Fildes a recherché l'explication de ce phénomène, qui s'étendit bientôt à la classe aisée. Selon elle, l'explosion de la natalité a suivi de près la décision de ces femmes de délaisser l'allaitement au sein pour la mise en nourrice. On savait déjà à l'époque que les femmes qui allaitent ne peuvent que rarement devenir enceintes: l'allaitement au sein maternel, sans être totalement efficace, est un excellent moyen naturel de contraception. Mais ce n'était pas, semble-t-il, pour avoir des enfants en plus grand nombre que les dames britanniques mettaient leurs nouveaux-nés en nourrice. C'était, si l'on en croit Valerie Fildes, par vanité: elles voulaient éviter l'affaissement des seins, les blessures résultant des tétées trop vigoureuses et même la souillure des vêtements. Ajoutons à cela que ces femmes se mariaient souvent dès l'âge de quinze ans et que leurs maris n'étaient guère plus vieux. De quinze ans à quarante ans, à raison d'un enfant par année, on constituait rapidement une famille nombreuse.

Le phénomène, nous l'avons dit, était limité aux familles riches, les pauvres ne pouvant se permettre les frais d'une nourrice. Même chez les riches, l'habitude des familles nombreuses passa graduellement de mode pour disparaître à la fin du XVIIIe siècle. Les motifs en sont multiples: les familles trop nombreuses créaient de sérieux problèmes de partage des fortunes, les femmes avaient pris l'habitude de se marier beaucoup plus tard (vers l'âge de trente ans) et avec des hommes encore plus âgés qu'elles, et, surtout, les médecins avaient rendu les femmes beaucoup plus conscientes des bienfaits de l'allaitement au sein, pour la mère et surtout pour la santé des nourrissons.

Quant à la vanité des femmes, qu'invoque Valerie Fildes, elle leur fit trouver sans doute un moyen de cacher l'affaissement des seins en les emprisonnant sous les corsets et les bustiers du XIXe siècle victorien. Mais gardons-nous de mêler la mode à la natalité: les démographes risqueraient, encore une fois, d'y perdre leurs équations...

Les animaux

La joie de connaître

La recherche scientifique ne nous intéresse d'habitude que dans la mesure où nous en espérons des résultats susceptibles de lutter contre les maladies ou de nous procurer des avantages matériels sous forme de produits nouveaux ou de techniques d'avant-garde. À côté de cette recherche que l'on qualifie d'utilitaire ou d'appliquée ou encore d'orientée, nous savons qu'il existe un type de recherche connu sous le nom de recherche pure ou de recherche fondamentale, dont les retombées pratiques ne sont pas apparentes au premier regard mais dont l'existence et le financement nous paraissent justifiés par la possibilité, même lointaine, d'applications qui nous seront bénéfiques. Il existe pourtant une recherche qui ne vise absolument aucune application, que l'on pourrait désigner sous le nom de «recherche pour le plaisir», une activité culturelle à l'état pur; c'est celle que je vous invite à célébrer ici, en vous proposant un exemple apparemment anodin, presque futile.

Cet exemple, je le cueille dans une livraison récente du périodique américain *Science*, où sont exposés les travaux de deux chercheurs de l'université Cornell sur les relations qui existent entre l'asclépiade commune et certains insectes qui en dévorent les feuilles, dont le plus connu est un coléoptère apparenté à notre coccinelle ou bête à patate. Nous connaissons aussi l'asclépiade, dont le fruit, en forme de cylindre rempli de filaments soyeux, porte le nom familier de petit cochon, parce que les enfants avaient l'habitude, en y fichant en guise de pattes quatre bouts d'allumettes, d'en faire un jouet improvisé qui ressemblait vaguement à un cochon. C'était avant le règne des jouets en plastique...

L'asclépiade, pour revenir à son nom, est une plante commune qui renferme du latex, liquide blanchâtre analogue au caoutchouc, qui s'écoule de la plante lorsqu'on en brise la tige ou les feuilles et qui durcit à l'air libre. Le latex, qui renferme parfois des substances toxiques pour les insectes, circule dans les feuilles le long de la nervure centrale et des nervures latérales. On considère généralement que ce latex constitue un système de défense élaboré par l'asclépiade à l'égard des insectes prédateurs qui, essayant de se nourrir des feuilles, verraient leurs mandibules obstruées par le latex et en subiraient les effets toxiques. Grâce au latex, l'asclépiade échappe donc aux ravages des insectes; elle n'est cependant pas à l'abri de ces coléoptères dont j'ai parlé, cousins de la bête à patate ou bête à bon Dieu. Comment ces derniers parviennent-ils à manger les feuilles en évitant les pièges du latex? Selon les chercheurs de Cornell, ils ont recours à une stratégie fort astucieuse: ils commencent par sectionner les nervures latérales tout près de la nervure centrale; le latex suppure à l'endroit de la blessure mais ne se répand pas dans le reste de la feuille; l'opération terminée, le coléoptère se dirige vers la périphérie et entreprend tranquillement de manger la feuille sans être inquiété par la sécrétion de latex, maintenant tarie. Les chercheurs de Cornell concluent que, face au système de défense de l'asclépiade, les coléoptères ont élaboré une stratégie victorieuse qui leur permet de se nourrir sans danger. Leurs conclusions sont d'ailleurs étayées par des contre-épreuves que l'espace ne nous permet pas de détailler ici.

Voilà un bel exemple d'une recherche pour le plaisir, le plaisir de révéler un des innombrables secrets du monde vivant, une des minuscules merveilles de la nature. Mais si l'on entreprend d'en démonter les mécanismes, la réflexion risque d'être fort dérangeante. Lorsque nous expliquons le comportement du coléoptère en invoquant une stratégie (dans ce cas, la section préalable des nervures), nous lui prêtons une intention, un objectif qui suppose de la part de l'insecte la connaissance de l'existence du latex nuisible et la découverte du moyen de supprimer l'obstacle. Nous pouvons dire, comme le font beaucoup d'observateurs, que nous sommes en présence d'une coïncidence entre des phénomènes aveugles, sans finalité, qui font que l'insecte, d'une part, sectionne les nervures et, d'autre part, mange la feuille, sans réaction consciente entre un geste et le suivant; ou alors, nous pouvons invoquer le jeu mystérieux de la Nature, ou bien une entreprise encore plus vaste que certains nomment la Providence, attentive à la vie des insectes comme à celle des humains. Constatons simplement que le recours constant à des causes lointaines (et plus encore à une cause suprême) fait sortir la science de son cadre séculaire pour en faire un chapitre de la théologie; notre effort de compréhension à partir des causes immédiates (qui est le propre de l'activité scientifique) s'en trouve aboli. C'est le raccourci favori de la philosophie finaliste qui en arrive à affirmer, comme le faisait Bernardin de Saint-Pierre, que le melon possède des côtes parce qu'il est destiné à être mangé en famille. Le coléoptère était-il destiné à manger les feuilles de l'asclépiade «après» que son instinct aveugle l'eut amené à sectionner les nervures? Ou devons-nous attribuer au comportement de l'insecte certains traits qui s'apparentent à ce que nous appelons l'intelligence chez les humains, grâce auxquels il pourrait manifester une intention et mettre au point une stratégie?

Voilà à quelles interrogations mène parfois la recherche pour le plaisir. Elle est une activité culturelle; elle nous introduit même au coeur de la notion de culture; elle nous interroge sur notre place au sein des autres espèces vivantes; elle questionne notre prétendue supériorité; elle inquiète notre sentiment de domination.

Si nous voulons garder notre confort intellectuel, tenons cette recherche pure à l'abri des subventions!

Les insectes sociaux: chaque âge a ses travaux

Le monde des insectes sociaux, c'est-à-dire des abeilles, des guêpes, des termites et des fourmis, est une source inépuisable de fascination. À mesure que passent les générations, on redécouvre que l'étendue de nos connaissances à leur sujet n'entame guère le territoire grandissant de l'inconnu. De grands noms ont pourtant essayé de percer le mystère de ce comportement collectif: le grand Henri Fabre, qui éveilla à l'histoire naturelle un petit garçon qui s'appelait Jean Rostand; Maurice Maeterlinck, auteur de *Pelléas et Mélisande,* qui passa de l'opéra à l'entomologie.

Le principal chercheur contemporain en ce domaine est l'entomologiste Edward Wilson, de Harvard. Il est le créateur d'une discipline qui se nomme la sociobiologie et l'auteur d'une thèse fort controversée qui postule que le comportement collectif des insectes sociaux est en fin de compte dicté par le bagage génétique des individus, qu'il est donc programmé comme est programmé notre fonctionnement physiologique et, en partie, notre comportement psychologique et social. La querelle, on le voit, se fait autour du mot «en partie», en ce qui concerne les êtres humains. C'est une question troublante, qui remet en cause la notion même de liberté, c'est-à-dire la notion de libre choix des individus face aux impératifs de la société.

Ce seul problème pourrait nous entraîner dans des réflexions interminables. Il apparaît clairement, par exemple, que l'activité d'une colonie de fourmis ne se fait pas au hasard et que les individus semblent obéir à des directives secrètes qui leur font accomplir sans répit les mêmes gestes répétitifs, et ce, quelle que soit la nature des obstacles. Il devient alors tentant de mettre en parallèle le comportement de certains groupes humains, comme celui des armées, des régimes totalitaires ou même de certaines nations industrialisées, comme le Japon. Mais même au sein des démocraties que nous considérons comme idéales, n'y a-t-il pas des comportements automatiques, des sortes de rituels très rigides qui vont du travail à la chaîne jusqu'à l'explosion de cette violence sauvage qui saisit brusquement les individus qui perdent leur identité au sein d'une foule et n'obéissent plus qu'à leur instinct collectif?

C'est une question que nous ne réglerons pas aujourd'hui ni demain, ni en ce siècle. Plus de deux millénaires d'endoctrinement philosophique et culturel nous ont ancrés dans l'opinion que le monde était divisé en deux: le haut et le bas, le bon et le mauvais, l'homme et l'animal, l'intelligence et l'instinct. Nous refusons de voir la continuité entre ces notions et nous rejetons comme criminel, aliéné ou déviant tout ce qui menace le bel ordre que nous avons inventé. Nous continuons à regarder les insectes sociaux avec fascination mais nous n'acceptons pas que leur comportement éclaire le nôtre.

Quant au professeur Edward Wilson, il poursuit ses travaux avec une passion qui confine à la monomanie. Il observe les insectes sociaux, surtout les fourmis. Il en élève des colonies importantes, il expérimente comme un sociologue le ferait avec une société humaine s'il en avait la possibilité. Dans un récent numéro de la revue américaine *Science*, il livre le résultat de ses recherches les plus récentes.

Selon ses observations, le système de castes chez les fourmis est, comme on le savait, très rigide: il y a la reine, les ouvrières petites et grosses, et les mâles, qui ne servent qu'à la reproduction. Ce qu'on ne savait pas, c'est que si on enlève, par exemple, les petites ouvrières, celles qui restent compensent la perte par une activité quatre ou cinq fois plus grande, en attendant que de jeunes adultes deviennent des petites ouvrières et rétablissent l'équilibre démographique.

Quant à la division du travail, que l'on croyait bien connaître, entre la reine, les mâles, le soin des oeufs et des larves, la cueillette et le transport de la nourriture et la défense de la colonie, Wilson y ajoute un élément inattendu: ce sont les mêmes jeunes adultes qui commencent leur vie adulte en s'occupant de la reine, puis des oeufs, puis des larves, puis de la cueillette. Vers la fin de leur vie, on les envoie aux frontières pour défendre la colonie. Les jeunes chez la reine, les vieux à la guerre, on n'avait pas encore vu ça. Il faut dire qu'on n'a sans doute encore rien vu...

La sculpture
par les abeilles

Réaliser une sculpture en cire en faisant travailler un essaim d'abeilles, voilà une idée intéressante qui ne présente pas de difficultés particulières. Vous prenez une armature légère de forme libre, abstraite, ou encore un moulage d'organe, vous l'enduisez d'une mince couche de cire d'abeille; vous la placez à l'intérieur d'une caisse en bois percée d'un trou à la base pour faciliter l'entrée et la sortie des abeilles, une caisse qui servira de ruche; enfin, vous vous procurez un essaim d'environ quatre-vingt mille abeilles, reine comprise, chez un éleveur spécialisé et vous laissez les abeilles butiner aux alentours comme vous le feriez pour une ruche conventionnelle. La différence, c'est que les abeilles vont déposer leur cire sur l'armature par couches superposées et d'épaisseurs différentes, inventant de nouvelles formes pour masquer l'armature que vous avez déposée au début.

Attention: si, pour des motifs mystérieux, votre armature initiale ne convient pas aux abeilles, elles s'abstiendront de la recouvrir et déposeront plutôt leur cire en vrac, dans un coin de la ruche artificielle. Lorsque les conditions favorables sont réunies, vous obtenez au bout de quelques semaines ou de quelques mois, selon les dimensions de la matrice, une sculpture en cire. La sculpture achevée, les abeilles quittent la ruche, vous refroidissez et désinfectez la sculpture et vous l'exposez à l'intérieur d'une boîte en plexiglass que vous protégerez, bien sûr, d'une chaleur excessive qui ferait fondre la cire.

Ces sculptures existent, elles sont exposées dans une galerie d'art à New York et dans d'autres villes américaines, dont celle de St.Louis, où l'on peut voir une forme humaine recouverte dans le dos, à partir des épaules, de longues capes superposées, drapées harmonieusement comme si elles étaient faites à partir d'étoffes lourdes retombant en plis harmonieux.

La question se pose de savoir qui est l'auteur de la sculpture : l'artiste qui a déposé l'armature ou l'essaim d'abeilles qui a déposé sur cette armature des couches de cire parfois extravagantes et sans ressemblance avec la matrice originelle. Pour monsieur Pruett, Américain, d'une famille d'apiculteurs établie dans tous les États américains, y compris Hawaï, depuis quatre générations, la réponse est nette : ce sont les abeilles qui sculptent, lui, Pruett, ne fournissant que l'armature, et les abeilles faisant le reste, dédaignant parfois, comme on l'a dit, des matrices qui leur sont incompatibles — on serait tenté de dire : qui ne les inspirent pas !

Une autre question, beaucoup plus préoccupante, vient à l'esprit de ceux qui ont renoncé à la croyance naïve, inspirée de Descartes, selon laquelle le comportement animal, en particulier celui des insectes, n'est guidé que par une force aveugle, automatique, que l'on désigne sous le nom commode d'instinct et dont jamais personne n'a démontré les mécanismes. L'instinct, réponse paresseuse au comportement des animaux et des insectes. Dans le cas des abeilles, dont les ancêtres ont envahi la surface de la terre il y a deux cent vingt-cinq millions d'années et qui sont elles-mêmes apparues il y a vingt-six millions d'années — nous sommes de nouveaux venus par rapport à elles, avec notre petit million d'années d'histoire —, dans le cas des abeilles, donc, ce n'est que notre entêtement philosophique ridicule qui leur refuse le privilège d'avoir accédé, après vingt-six millions d'années d'apprentissage, à une activité délibérée, donc intelligente.

Nous savons pourtant, depuis les travaux des auteurs anciens, depuis von Frisch surtout qui étudia soigneusement la complexité de la danse que les abeilles exploratrices utilisent pour signaler la présence d'une source de nourriture (nectar ou pollen), sa quantité, sa qualité et même la distance à laquelle se trouve cette source de nourriture par rapport à la ruche, nous savons donc, ou devrions savoir, que les sociétés d'abeilles ont mis au point des systèmes de communication au regard desquels pâlissent nos propres outils de communication. Certains de ces systèmes, en plus de celui qu'a décrit von Frisch, empêchent l'ovulation des abeilles femelles par un signal chimique transmis de proche en proche par l'abeille reine tant qu'elle demeure en santé et capable de pondre des oeufs fécondés au cours du vol nuptial. Un autre système, olfactif, fait que des gardiens, à l'entrée de la ruche, refoulent les intruses et ne laissent pénétrer que les abeilles qui portent l'odeur spécifique de la ruche. Ce ne sont là que quelques exemples choisis parmi cent autres merveilles qui rendent si passionnante l'étude des abeilles et des autres animaux qui partagent avec nous la biosphère.

L'aveuglement que j'évoquais à l'égard des formes de vie différentes de la nôtre me ramène souvent, par la pensée, à ce film classique des années d'après-guerre intitulé *The Third Man* («Le Troisième Homme»), avec sa musique lancinante de cithare, qui mettait en vedette Orson Welles dans le rôle d'un trafiquant de pénicilline au marché noir, les riches pouvant ainsi se procurer l'antibiotique mais non les pauvres. Retrouvé à Vienne par un ami américain qui l'interrogeait sur la moralité de sa conduite, le trafiquant l'emmena au *Prater* et, du haut de la grande roue, lui désigna la foule qui s'agitait tout en bas comme autant de fourmis. «Je n'ai aucune compassion pour l'Humanité, expliqua-t-il, je la vois comme une fourmilière.»

Notre attitude à l'égard du comportement animal ressemble étrangement à celle du personnage incarné par Orson Welles: nous sommes juchés tout en haut de la grande roue et nous dédaignons d'en redescendre.

La vision consciente chez le mouton

Le grand Montaigne, dans les pages admirables qu'il consacre à la comparaison des facultés des animaux avec celles des hommes, établit sa conviction de l'intelligence des animaux sur l'observation de leur comportement. Il discerne par plusieurs exemples des signes d'activité consciente, de gestes délibérés, et non de comportement aveugle réductible à un seul instinct mécanique. À une certaine façon d'aboyer du chien, écrit-il, le cheval connaît qu'il est en colère, alors qu'il ne s'effraie pas d'un autre son du même animal. Après avoir ainsi décrit, entre autres choses, la façon intelligente dont les oiseaux construisent leur nid, qui n'est pas la même selon la disponibilité des matériaux, ou les techniques de l'araignée pour tisser sa toile en tenant compte des points d'ancrage, Montaigne pose la question en ces termes, que je transpose librement en français moderne: «Pourquoi attribuons-nous à je ne sais quel instinct aveugle la perfection de leurs travaux alors que pour les nôtres nous voyons bien qu'elle requiert toutes nos facultés, et que notre âme s'y emploie de toutes ses forces?»

Un siècle plus tard, sous l'influence de Descartes, les observations de Montaigne étaient oubliées: seul l'homme était doué de raison et les animaux n'étaient que de vulgaires robots. La philosophie mécaniste de Descartes continue, hélas, d'imprégner notre pensée, sans doute parce qu'elle contribue à asseoir notre sentiment de supériorité sur les animaux, en faisant de nous les seuls dépositaires de la conscience. Pour la très grande majorité des individus de notre temps, la notion d'instinct animal aveugle subsiste toujours, en dépit de toutes les observations qu'ils peuvent faire autour d'eux. La question semblant réglée une fois pour toutes, on se donne rarement la peine, dans les milieux scientifiques, d'entreprendre des expériences qui remettraient en question la commodité des notions acquises.

Il faut donc saluer avec plaisir le compte rendu récent d'expériences effectuées chez le mouton par une équipe de neurophysiologistes de l'université britannique de Cambridge. Afin de ne pas alourdir indûment cette chronique, j'en résumerai les aspects techniques pour n'en retenir que l'essentiel.

On sait que, chez l'homme, l'information visuelle est d'abord acheminée au cortex visuel par le biais du nerf optique, pour être ensuite transmise au lobe temporal qui en fait l'association, c'est-à-dire qui la compare aux informations antérieures afin de l'identifier comme étant identique ou différente, ce qui détermine éventuellement un comportement positif, neutre ou négatif. Grâce à des techniques récentes, l'activité des neurones individuels du lobe temporal qui sont responsables de cette reconnaissance consciente peut être enregistrée grâce à l'implantation de micro-électrodes. Ajoutons que cette expérience s'effectue chez des sujets à l'état d'éveil.

Lorsque l'on présente à un mouton ainsi préparé des diapositives d'images neutres, par exemple un arbre ou un échiquier, les cellules temporales ne réagissent pas. Si on lui montre l'image d'un mouton de race différente, les cellules donnent une faible réponse. Si l'image est celle d'un mouton de même race, les neurones réagissent en plus grand nombre. Par contraste, si l'image est celle d'un chien, ce sont d'autres neurones qui entrent en activité et qui témoignent vraisemblablement de l'identification d'une image menaçante. On pourrait commenter longuement la signification de ces expériences, qui n'étonneront que ceux qui veulent nier à tout prix aux animaux la possibilité d'une activité consciente; pour les autres, il est clair que, lorsqu'un animal aperçoit un autre animal ou même l'image d'un autre animal, il est en mesure de reconnaître s'il s'agit d'un animal familier ou d'un animal étranger, d'un semblable ou d'un ennemi.

Ils n'étaient pas si bêtes, les moutons de Panurge: ils se précipitaient les uns à la suite des autres, parce qu'ils s'étaient reconnus comme étant semblables. N'est-ce pas précisément ce que nous faisons nous-mêmes lorsque nous nous abandonnons à des mouvements collectifs?

L'esclavage du rat blanc

On ne peut guère pénétrer dans un laboratoire de biologie expérimentale sans apercevoir, rangés soigneusement dans des cages grillagées, les rats blancs qui sont les compagnons indispensables des chercheurs. Ils font partie du décor traditionnel, au même titre que le microscope ou que l'éprouvette de papa. Parfois, c'est le lapin qui sert aux expériences, lorsqu'il s'agit, par exemple, d'éprouver l'effet irritant des substances cosmétiques, parfois le chien bâtard, mais il coûte trop cher d'entretien. Quant au singe, il est réservé aux laboratoires fortunés, spécialisés dans l'étude neurologique des structures cérébrales. On le montre d'ailleurs rarement aux visiteurs car il inspire trop la pitié et le chercheur contemporain, qui se flatte d'adhérer à un code d'éthique, n'aime pas passer pour un bourreau. Le rat blanc, lui, ne fait pas problème: on le trouve amusant, surtout lorsqu'il est jeune, mais il ne suscite pas la compassion, même s'il est promis à la vivisection ou à l'autopsie. Les amis des bêtes ne viennent jamais à sa défense; il est l'esclave parfait; il a la tête de l'emploi. S'il était brun ou noir, comme le rat sauvage, son ancêtre, on se réjouirait même de son extermination.

Ce rat blanc, dont nos laboratoires modernes font une consommation de plusieurs millions d'individus par année, est un esclave soumis, particulièrement adapté à sa condition. Il est né, vers 1875, d'une mutation accidentelle qui a transformé quelques individus de l'espèce sauvage *Rattus norvegicus* (rat de Norvège) en albinos dépourvus de pigment noir. C'est cette souche albinos, moins agressive que le rat sauvage, que l'on a élevée en laboratoire par croisements successifs à l'intérieur d'une même lignée. Il en est résulté une créature artificielle, d'allure inoffensive à cause de sa couleur blanche (blanc, c'est plus propre que noir) et sans parenté réelle avec l'animal sauvage dont il est issu.

En biologie expérimentale, et même en recherche biomédicale, le rat est devenu le modèle de l'homme, sans que l'on ait toujours pris la précaution de vérifier si la correspondance était aussi parfaite qu'on l'espérait. Dans certains domaines, les découvertes réalisées sur le rat se sont cependant vérifiées chez l'homme de façon satisfaisante. Dans le cas particulier de l'alimentation et de la nutrition, ce sont les expériences sur le rat qui ont permis d'identifier les vitamines et de préciser leur rôle (sauf pour la vitamine C, dont le rat n'a pas besoin dans son alimentation). Même utilité en ce qui concerne les éléments minéraux, les sucres et les graisses ou encore les protéines et leurs composants les acides aminés. La découverte des acides aminés essentiels chez le rat a également été confirmée par des études sur l'homme.

Il ne fait donc aucun doute que les résultats prodigieux obtenus depuis quarante ans dans la compréhension des réactions chimiques du métabolisme n'auraient pu être obtenus avec la même rapidité sans les expériences effectuées sur le rat blanc de laboratoire. Dans tous les cas qui viennent d'être mentionnés, l'expérience animale a permis d'enrichir nos connaissances sans recourir à l'expérimentation humaine. L'homme et le rat ont la même nutrition et ils en présentent sensiblement les mêmes perturbations.

La situation est devenue plus délicate lorsqu'on a tenté d'étudier le comportement du rat et d'en appliquer les résultats à l'homme. Tout ce domaine de la psychologie expérimentale est en effet hérissé d'embûches. On peut apprendre à un rat à se diriger dans les dédales d'un labyrinthe pour aller chercher la nourriture qui se trouve à l'extrémité, mais il est loin d'être sûr qu'on puisse en déduire les lois qui s'appliquent à l'apprentissage humain. De la même façon, on peut montrer à un rat comment appuyer sur un levier pour obtenir de la nourriture en récompense, ou on peut lui appliquer un choc électrique sur les pattes pour l'empêcher d'atteindre le but désiré, mais il est permis de s'interroger sur la valeur de ces expériences, effectuées, je le répète, sur des esclaves dégénérés, lorsqu'il s'agit de les transposer dans le domaine du comportement humain.

Une prudence encore plus grande devrait s'imposer avant d'appliquer de telles expériences à des tentatives de thérapeutique humaine. On songe, en particulier, à l'école béhavioriste de Grande-Bretagne, inspirée par les travaux de Skinner, et qui semble vouloir réduire l'homme à une série de comportements qu'il présenterait s'il était enfermé dans une cage à l'imitation du rat blanc. Entre le rat de laboratoire et celui qui l'observe, il peut s'établir de drôles de relations, comme entre l'esclave et son maître, entre le prisonnier et son surveillant pénitentiaire, un comportement d'imitation où l'on ne sait plus quel est celui qui imite l'autre. Peut-être le rat blanc est-il devenu, à l'instar de beaucoup de chercheurs contemporains, un rat fonctionnaire qui, de neuf à cinq, demeure docile dans sa cage et obéit à ce qu'on lui demande, attendant la nuit pour retrouver sa liberté conditionnelle. Comme le fonctionnaire...

Le plasmodium, un être fabuleux

Lorsqu'on demandait à Jean Rostand pourquoi il revenait toujours à la grenouille, le célèbre biologiste répondait: «Tout est dans la grenouille!» En fait, tout est dans tout: l'objet de notre passion ou de notre étude s'agrandit aux proportions de l'univers.

Ces temps-ci, on pourrait affirmer que tout est dans le plasmodium, cet être vivant primitif, parfois animal, parfois végétal; tantôt microscopique, tantôt visible à l'oeil nu; répandu dans toutes les régions du globe, sauf celles qui sont recouvertes de glaces permanentes... et encore.

Mais pourquoi le plasmodium? Parce que le secret de la dispersion de certaines espèces de plasmodium vient d'être percé par une chercheuse scientifique de Princeton, le professeur Suthers, et que c'est une histoire étonnante. En deux mots, cette dispersion est le résultat d'une migration intercontinentale dans le tube digestif des oiseaux migrateurs qui vont du nord au sud à l'automne et inversement le printemps suivant.

On connaissait déjà une migration beaucoup plus limitée du plasmodium, laquelle se produit à un moment précis de son cycle vital. Avant cette migration, le plasmodium se présente sous la forme d'une mince pellicule visqueuse, semblable au blanc d'oeuf, parfois transparente, parfois jaune ou blanche, que l'on peut apercevoir sur la matière végétale en décomposition. Cette pellicule vivante, qui peut atteindre quelques centimètres et parfois jusqu'à un mètre de diamètre, est en réalité une population de plusieurs millions d'individus unicellulaires qui se sont agglutinés. L'image pourrait être celle d'une armée en désordre, dont les soldats dispersés viendraient tout à coup se mettre au coude à coude.

Cette étrange armée gluante, dont les membres individuels semblent avoir perdu leur identité pour se fondre dans un tout, se nourrit sur place en absorbant des matières organiques, puis, sur un signal mystérieux, se met à ramper lentement vers un endroit plus sec, à une vitesse voisine de deux centimètres en vingt-quatre heures. Ainsi se termine la phase animale de son cycle vital.

Après cette première migration qui ressemble plutôt à un léger déplacement, il se produit un phénomène étonnant que connaissent bien les étudiants en biologie: le plasmodium entre dans la phase végétale de son cycle vital. De toutes petites tiges verticales se déploient alors avec, à leur extrémité, des sphères minuscules remplies chacune de centaines de spores, qui sont l'équivalent des fruits et des graines des végétaux. À maturité, les spores sont libérées, demeurent sur le sol ou sont passivement transportées à quelque distance par des insectes de passage. Au contact de l'eau, ces spores se transforment en cellules individuelles qui, plus tard, se fusionneront pour devenir de nouveaux plasmodiums. Cette seconde migration, sous forme de spores accolées à des insectes, rendait compte de la dispersion du plasmodium à des distances de l'ordre de quelques kilomètres. Mais elle ne pouvait expliquer que la même espèce de plasmodium (il y en a une cinquantaine) puisse se rencontrer en Amérique du Nord aussi bien qu'en Amérique du Sud.

C'est ici que l'on retrouve le professeur Suthers de Princeton, dont il a été question plus haut. Cette biologiste a eu la bonne fortune de s'intéresser de près à deux champs d'étude totalement différents: le plasmodium et... les oiseaux migrateurs de l'est de l'Amérique. Réfléchissant à ses observations sur les uns et les autres, elle a émis l'hypothèse que les spores de plasmodium étaient ingérées par les oiseaux migrateurs, plus particulièrement par ceux qui, à l'instar des merles, se nourrissent au sol. À l'époque des migrations annuelles, ces oiseaux transportent les spores dans leur tube digestif à des milliers de kilomètres. Le professeur Suthers, en plus de sa bonne fortune, a manifesté une patience exceptionnelle: elle a cultivé des milliers d'échantillons de fiente recueillis d'oiseaux migrateurs à l'aller comme au retour. Elle a ainsi pu expliquer comment la même espèce de plasmodium pouvait proliférer dans les deux hémisphères américains.

Ce qui précède n'est qu'une partie du grand mystère qui entoure encore le plasmodium. Comme le disait à peu près le grand Claude Bernard, ce qui est microscopique n'est pas nécessairement simple...

Du hibou des neiges au drapeau d'Alfred Pellan

Mort ou vif, le hibou des neiges n'incite guère à la plaisanterie. J'ai vécu assez près de l'un d'entre eux, empaillé, ou, comme on dit aujourd'hui depuis que sont apparues les minorités visibles, naturalisé. Quelqu'un l'avait placé dans ma chambre d'étudiant, près de la table où je potassais ma chimie. Je peux témoigner que ce hibou des neiges, en dépit de ses yeux de verre, posait sur moi un regard implacable, sans aucun répit d'allégresse ou même de sérénité. Difficile, dans de telles conditions, de ne pas fournir un effort intellectuel maximum. Le hibou disparu, ou bouffé par les mites, l'effort persista.

L'accession récente du hibou des neiges québécois au panthéon des emblèmes aviaires en compagnie de l'aigle américain et du coq gaulois, au foie fortement tricolore, ne pouvait que me combler de joie. Deux ou trois pépins, néanmoins, vinrent gâcher mon plaisir. En premier lieu, je découvris que les ornithologues québécois ne parlaient plus de hibou mais de harfang. Une recherche rapide révéla que le mot «harfang» est un mot suédois qui signifie précisément «hibou». La belle affaire! On peut donc dire, en français, «hibou des neiges» plutôt que «harfang des neiges». Entre deux mots, disait Valéry, il faut choisir le moindre; gardons le hibou, un mot feutré comme son vol, et qui fait peur à la brunante. Deuxième pépin: l'aire de dispersion du hibou des neiges n'est pas limitée au territoire québécois, comme on l'aurait espéré pour un emblème distinctif. On retrouve en fait le hibou des neiges dans le Nord de tous les pays, la Norvège, la Suède, la Finlande, qui avoisinent le cercle arctique. Le hibou des neiges est donc un oiseau circumpolaire. Qu'il occupe une place importante dans l'écosystème est admis, à moins que l'on ne fasse partie de la population des rongeurs...

Mais le hibou des neiges, oiseau québécois par son comportement? On me permettra d'en douter, sans nier la noblesse étrange de l'oiseau. On sait qu'il chasse au crépuscule, en épousant les ondulations du sol. Blanc sur blanc, il présente le camouflage parfait qui lui permet de se faufiler entre les persiennes de la nuit.

Rien ne ressemble moins au tempérament québécois, qui parle fort, qui chante haut dans les funérailles, qui applaudit près des chapelles ardentes, qui avance en trébuchant et se réjouit du succès des autres, à condition qu'il y en ait pour tout le monde. Être de contrastes soudains, le Québécois est plus slave que latin ou nordique.

Si l'on peut en tirer une leçon, c'est que les emblèmes, objets de haute symbolique, surtout dans leurs figurations héraldiques, sont susceptibles de provoquer de multiples confusions lorsque nous essayons de les mettre à notre mode sans tenir compte de leur épaisseur historique. Prenons le cas de la fleur de lys qui orne les quatre coins du drapeau québécois, autrefois drapeau du Sacré-Coeur à résonance héraldique minimale. Lorsqu'on s'avisa, au début des années cinquante, d'en exciser le coeur saignant pour en faire un drapeau civil, on garda les pointes des fleurs de lys dirigées vers le centre, jusqu'au jour où un héraldiste avisé (il en existait encore) fit remarquer que ces pointes ainsi dirigées étaient signe de bâtardise. On redressa donc les quatre fleurs de lys qui apparaissent sur le drapeau actuel.

On aurait pu en profiter pour s'intéresser à la représentation héraldique de la fleur de lys, acceptée à la légère comme représentant le lys blanc, le lys pascal. Or, il paraît qu'il n'en est rien. À l'origine, si l'on en croit les vieux grimoires de cette science antique de l'héraldisme, la fleur de lys était la figure stylisée — tenez-vous bien — d'un crapaud accroupi! Les *frogs* comme avatar de la fleur de lys québécoise, avouez qu'il faut avoir le sens de l'humour solidement vissé aux entrailles pour accepter cela sans grimacer.

Ainsi, nous découvrons de sérieuses raisons — des raisons scientifiques, pourrait-on dire — de nous méfier des emblèmes et des figures héraldiques. Moins périlleux nous apparaissent les drapeaux non figuratifs: le français, l'italien, le belge. En plus dépouillé encore, voici un drapeau qui a été conçu et exécuté par le plus grand peintre canadien contemporain, Alfred Pellan, qui me l'a montré il y a quelques années. Astuce admirable, ce drapeau est transparent et représente tout ce qu'on peut voir en regardant au travers. Selon le jour ou la saison, on peut admirer le blanc ou le gris des nuages, l'azur du ciel, l'or des blés ou les flammes de l'automne. Nul rappel historique, nulle connotation chauvine ou patriotarde. Le drapeau transparent de Pellan est le drapeau d'une humanité évoluée qui transcende les nationalismes, le drapeau d'une fraternité universelle retrouvée.

Si j'étais hibou, je commencerais sérieusement à y réfléchir.

La Terre

Les constellations terrestres

L'obscurité totale — tous les enfants le savent — engendre des terreurs et suscite des maléfices, ramenant l'horizon aux dimensions restreintes de son propre corps, au-delà duquel tout n'est que menace et mystère. Il suffit alors d'une lumière, rapprochée ou même lointaine, pour que le regard retrouve un pôle et une présence. Un simple feu de bois, sur la grève ou dans une clairière, formant un creux de lumière et de chaleur, repoussant les frontières de la nuit, suffit pour ramener la sérénité et, pour peu que l'on s'y trouve en groupe, susciter la fête et la fraternité. Que plusieurs lueurs s'allument, comme aux abords des villes, et les menaces de la nuit font place à la promesse d'une célébration. C'est un sentiment que connaissent bien ceux et celles qui, voyageant de nuit en avion, ont vu surgir sous leurs yeux ces constellations urbaines multicolores qui transforment les métropoles en gigantesques gâteaux de fête, réverbérés de la terre jusqu'au ciel.

Avez-vous déjà songé à quoi pouvait bien ressembler la Terre, la nuit, vue de très haut, lorsque les nuages n'en recouvrent pas la surface? À part l'illumination des grandes métropoles et les vagues scintillements des humbles agglomérations humaines, n'y a-t-il à la surface du globe que de grandes plages obscures où l'on ne devine même pas les océans et les grandes étendues désertiques?

Il existe désormais une réponse à cette interrogation, grâce à l'admirable travail d'un radioastronome américain du nom de Woody Sullivan, travaillant à partir de photos obtenues à huit cents kilomètres d'altitude, la nuit, par deux satellites en orbite polaire dont les caméras étaient sensibles à tout le spectre visible ainsi qu'à celui de l'infrarouge immédiat. Chacune de ces photos correspond à une bande de deux mille neuf cents kilomètres de longueur sur trois kilomètres de largeur. Après avoir été étalonnées et corrigées pour éliminer certains effets secondaires comme ceux de l'éclairement lunaire, quarante de ces photos ont été mises côte à côte selon la projection de Mercator afin d'obtenir une planisphère d'environ soixante centimètres sur quatre-vingt-dix centimètres, une affiche nocturne jamais rassemblée auparavant. Évidemment, l'obscurité y domine, particulièrement à la surface des océans et sur certaines étendues telles que le Sud-Ouest africain et le sud de la Chine, que les nuages ont cachées aux satellites en dépit de plusieurs années d'observation.

L'ensemble n'en demeure pas moins saisissant et l'on peut facilement identifier trois catégories de sources lumineuses terrestres, attribuables en totalité à l'activité humaine.

La première de ces sources, la plus blanche, se rapporte aux grandes agglomérations urbaines, dont l'activité est incessante. Les plus facilement identifiables sont celles du bassin de la Ruhr et du Rhin, du sud de l'Angleterre, de la côte du Nord-Est américain de New York à Washington, de la région du Punjab, de l'ouest et de l'est du Japon, ainsi que Rio de Janeiro et Sao Paulo.

On découvre en second lieu les régions rurales, caractérisées, non par les faibles points lumineux des villages, qui échappent aux satellites, mais par les lueurs diffuses de ces champs que brûlent les cultivateurs nomades, des forêts que l'on embrase pour faire place à la culture; lucurs qui s'étendent de la Malaisie au Sahel, qui illuminent les hauteurs de la Birmanie, de la Thaïlande et du Laos. Une activité nocturne tout à fait inconnue aux habitants des métropoles occidentales.

Enfin, un troisième type de constellations terrestres, aussi brillantes que celles de nos grandes villes: ce sont les immenses flambées de gaz naturel que l'on fait brûler le long des champs pétroliers du golfe Persique, de Surgut, de Sulawesi, du delta du Niger et de la mer du Nord au-delà des îles Shetland. Contrastant avec ces illuminations qui semblent réparties au hasard, on distingue des colliers de lumière alignés parfois de façon quasi rectiligne, le long de la vallée du Nil, du fleuve Jaune, de l'Ohio, du chemin de fer transsibérien, ainsi qu'entre Madras et Delhi; autant de centres de population alimentés en énergie par des centrales construites le long des rivières ou des voies ferrées.

Voici donc repoussée inlassablement l'obscurité nocturne, source séculaire de terreurs. À cette obscure clarté qui tombe des étoiles dont parlait Victor Hugo, la Terre a répondu par ses propres constellations nées de l'industrie humaine et qui témoignent de sa lutte incessante contre l'espace et le temps. Depuis les temps antiques, Prométhée, inlassablement, dérobe le feu du ciel.

Les médicaments de la forêt tropicale

Chaque minute du temps qui passe voit disparaître cent acres de cette forêt équatoriale qui ceinture le globe, ce qui correspond au chiffre effarant de plus de vingt-deux millions d'acres par année. Les arbres sont surtout abattus pour leurs essences précieuses, bien qu'en Amazonie le phénomène soit plus brutal: la forêt est tout simplement brûlée pour faire place à des pâturages où l'on élève les boeufs qui fourniront des Big Mac aux consommateurs avides de *fast food*.

On a beaucoup parlé, sans réussir à émouvoir les populations des pays tempérés, de la catastrophe écologique que représente la destruction sauvage de ces forêts, et de ses conséquences désastreuses à long terme sur le climat global, avec l'altération profonde du régime des pluies. À peine a-t-on parlé de la disparition de certaines espèces végétales, sujet qui attire moins la compassion que celle des espèces animales.

Un aspect encore plus négligé de la déperdition de la forêt équatoriale, c'est le gaspillage biochimique, en particulier celui des médicaments d'origine végétale qui sont réellement ou potentiellement utiles au traitement des maladies. Pour en comprendre l'importance, il faut rappeler la différence essentielle entre nos forêts tempérées ou nordiques et celles des zones équatoriales. Les premières se caractérisent par la prédominance quasi absolue d'une ou de deux espèces, par exemple l'érable, le sapin ou l'épinette. Les secondes offrent, sur une surface donnée, une variété prodigieuse d'essences différentes qui sont alors représentées par un petit nombre d'individus. Cette variété caractéristique de la forêt tropicale correspond à un métabolisme différent pour chaque espèce, y compris des produits dérivés qui jouent, soit un rôle évolutif, soit un rôle de défense contre les prédateurs. C'est ainsi que les plantes et les arbres tropicaux renferment dans leurs racines, dans leurs tiges, dans leurs feuilles et dans leurs fruits des substances qui, tout à fait par hasard, se révèlent actives chez l'homme et dont quelques-unes font partie de la pharmacopée universelle. Citons, à titre d'exemples, les dérivés du curare, l'agent chimiothérapeutique vincristine, les substances antimalariales tirées de la quinine, l'émétine utilisée contre l'amibiase, la cocaïne dont les propriétés analgésiques ont été oubliées au profit de son trafic illicite.

L'ensemble de ces médicaments extraits de la forêt tropicale représente environ trente-cinq milliards de dollars par année, et ce n'est là que la pointe de l'iceberg, car on estime qu'à peine un pour cent de la richesse pharmaceutique tropicale a été explorée et exploitée. Depuis quelques années, les ethnobotanistes, les chercheurs qui s'intéressent à l'usage des plantes dans les cultures populaires, ont découvert dans plusieurs régions tropicales des groupes humains qui utilisaient jusqu'à cent soixante-quinze médicaments végétaux pour traiter leurs maladies. Au Pérou, on a même découvert un anesthésique local utilisé par les indigènes et qui fait maintenant l'objet d'une évaluation clinique.

La destruction accélérée de la forêt tropicale prive donc, à moyen terme, les populations locales d'une source de médicaments naturels facilement accessibles et d'un coût modique approprié à leurs maigres ressources. Plus encore, l'infiltration des nouvelles cultures liées à l'exploitation massive des forêts va faire oublier aux indigènes leurs anciennes techniques de cueillette et de préservation des plantes médicinales.

On peut se demander pourquoi les géants de l'industrie pharmaceutique multinationale ne se sont pas intéressés au potentiel immense que constituent les ressources de la forêt tropicale. Peut-être sont-ils encore éblouis par les triomphes de la chimie organique de synthèse en laboratoire, au point d'oublier que le monde végétal, en particulier celui des tropiques, recèle le plus vaste laboratoire naturel du monde.

Quant aux indigènes, pour les consoler, on leur offrira sans doute du Valium, au prix fort...

L'avenir du
sac à ordures

Il existe une réplique contemporaine du Vaisseau fantôme. Nous l'avons vue à la télévision: il s'agit d'un énorme chaland, tiré par un remorqueur, rempli à ras bords de milliers de sacs de polyéthylène renfermant des ordures ménagères en provenance de la ville de New York. On devait décharger la cargaison sur les côtes du New Jersey mais le New Jersey, à court de sites d'enfouissement, n'en a pas voulu. On a donc remorqué le chaland jusqu'au golfe du Mexique, mais le Texas n'en a pas voulu non plus. Ramené vers New York, le chaland y a fait figure de scandale, le symbole d'une société de consommation arrivée au bout de son rouleau.

Ce Vaisseau fantôme nauséabond est l'aboutissement symbolique d'un processus qui a pris naissance avec l'avènement de la révolution industrielle au XIXe siècle. Depuis lors, la société fabrique en série ses objets de consommation, les uns utiles et dont la prolifération a contribué à l'élévation du niveau de vie, les autres destinés à être jetés aux ordures après un temps plus ou moins court, parfois en moins d'une semaine. Il n'est pas utile de refaire ici le procès de la société de consommation, ou plutôt de gaspillage, qui est la nôtre. Le processus, engagé depuis plus d'un siècle, apparaît nettement irréversible. Tout au plus pourrait-on espérer en limiter les excès, en réfléchissant à l'absurdité des solutions que la société actuelle est contrainte d'envisager.

Le cas des gros sacs à ordures, en polyéthylène noir, vert ou orangé, est particulièrement éloquent à cet égard. Que contiennent ces sacs à ordures, fort utiles au demeurant, que nous déposons devant notre porte une ou deux fois par semaine, en attendant qu'un camion sanitaire vienne nous en débarrasser pour aller les déposer plus loin? Ils contiennent, entre autres, les journaux que nous avons lus et que nous ne voulons pas garder; ils contiennent des déchets alimentaires, végétaux ou animaux, dont l'odeur risquerait de nous incommoder; ils contiennent également, en proportion importante, des objets inutiles qui nous ont été vendus afin de protéger ou tout simplement d'envelopper les objets dont nous avions besoin: les bouteilles non consignées, les canettes, les boîtes, les tubes, les sacs à provision en papier ou en plastique, bref, des objets de consommation qui s'ajoutent provisoirement aux objets de consommation que nous achetons, et, pour couronner le tout, nous déposons ces diverses enveloppes dans des gros sacs en plastique que nous achetons aussi, uniquement pour les jeter.

L'utilisation de ces sacs en polyéthylène constitue une industrie florissante, comme en témoignent les réclames télévisées qui vantent la résistance de ces produits. Qu'arrive-t-il de ces sacs? C'est précisément parce qu'ils sont résistants, et donc diffilement biodégradables, qu'ils s'accumulent dans les sites d'enfouissement aux abords des villes. Chaque année, sur l'ensemble du continent nord-américain, on rejette ainsi cinq milliards de ces sacs en plastique, dont la présence est incompatible avec la transformation éventuelle des dépotoirs en terrains qui pourraient servir à la construction domiciliaire ou industrielle. On souhaite donc, pour régler le problème, que le plastique non dégradable, qui fut un triomphe de la technologie des années soixante, soit remplacé par un plastique biodégradable.

Confrontés à cette question, des chercheurs américains ont récemment trouvé une solution pour laquelle ils viennent de recevoir un permis de fabrication, une solution qui est à la limite du surréalisme. Il s'agit de la conjugaison de deux polymères, l'un dérivé de l'acide acrylique, l'autre constitué d'une substance naturelle qui n'est rien d'autre que l'amidon de maïs: la combinaison des deux est résistante au début et dégradable par la suite.

Si vous désirez savoir pourquoi on a choisi l'amidon de maïs, substance alimentaire de premier choix, pour fabriquer des sacs à ordures, eh bien, c'est tout simplement parce qu'on ne sait plus qu'en faire! À la fin de 1987, les États-Unis disposaient d'un surplus accumulé de cinq milliards de boisseaux de maïs, que des impératifs économiques empêchent de distribuer aux populations du Tiers-Monde atteintes par la famine. On écoulera donc les surplus de maïs en transformant l'amidon en sacs à ordures qui nourriront les bactéries occidentales chargées de leur dégradation.

N'est-ce pas que c'est une histoire digne d'Ionesco et du théâtre de l'absurde?

Les courtiers de la pollution

L'idée, bien sûr, ne pouvait être qu'américaine. Je viens d'en avoir connaissance au hasard d'une lecture et je la trouve fort instructive, car elle montre comment on peut faire de l'argent en luttant contre la pollution, ou, plutôt, en déplaçant le problème d'un endroit à un autre.

Le système dont je veux parler existe aux États-Unis depuis 1984 et consiste à monnayer ce qu'on appelle des E.R.C. (*Emission Reduction Credit*), à les acheter, à les vendre ou à les échanger dans une sorte de Bourse qui fonctionne comme les Bourses du commerce, les *commodity exchanges*, où l'on peut négocier aussi bien du sucre que du cuivre, des échines de porc ou des engrais en vrac. Ces E.R.C., ce sont des «crédits de réduction d'émission», c'est-à-dire des certificats que vous obtenez de l'E.P.A. américaine, l'Agence de protection de l'environnement, moyennant un montant déterminé. En somme, vous achetez un «permis de pollution» dont le titre pudique est un E.R.C.

Supposons que vous possédiez une entreprise qui déverse quarante tonnes d'anhydride sulfureux par jour dans l'environnement, et que ce soit inférieur aux normes de pollution acceptées par l'E.P.A. Vous n'avez aucun problème, mais si votre entreprise se développe au point que vous prévoyez émettre quatre cents tonnes de gaz sulfureux par jour, ce qui est égal à la norme, vous n'avez pas le droit de le faire à moins d'acheter de l'Agence de protection de l'environnement un certificat E.R.C. qui va vous coûter, disons, vingt-cinq mille dollars et qui va vous donner le droit de polluer en émettant jusqu'à quatre cents tonnes par jour. Payer pour avoir le droit de polluer, c'est presque l'enfance de l'art. Mais vous allez voir que le système est plus astucieux que cela.

Supposons que votre entreprise continue à se développer et qu'elle menace de dépasser les normes de l'E.P.A. La solution va consister à acheter un E.R.C. d'une autre entreprise qui en possède déjà un et qui, pour une raison ou une autre, envisage de cesser ses opérations. Vous vous adresserez tout simplement à un courtier en E.R.C., à Washington, qui, moyennant commission, vous mettra en contact avec le vendeur éventuel. Votre nouveau certificat vous permettra de polluer davantage, en toute sécurité.

Il n'est pas étonnant qu'avec l'augmentation grandissante de la pollution les courtiers fassent des affaires d'or. Par exemple, dans la région fortement polluée de Los Angeles, le prix des certificats E.R.C. applicables aux gaz organiques (méthane et autres hydrocarbures) a quintuplé depuis deux ans. Les polluants, comme les bons vins, prennent de la valeur avec le temps...

On devine que les règles du jeu ne sont pas simples et qu'elles comportent des variations subtiles. Par exemple, vous pouvez installer des équipements qui vont amener une réduction des émissions de polluants et obtenir ainsi gratuitement un E.R.C., que vous revendrez avec profit à un concurrent qui en a besoin. C'est ce que B.F. Goodrich a fait récemment avec General Motors, ou Mobil Oil avec Reynolds Aluminium.

Les perspectives du marché des E.R.C. demeurent attrayantes pour les spéculateurs, surtout s'il s'agit d'entreprises qui désirent s'installer dans des agglomérations urbaines déjà fortement touchées par la pollution et qui n'ont d'autres ressources que de se procurer des crédits E.R.C. auprès d'autres entreprises mieux situées. L'avenir semble particulièrement rose, si l'on peut s'exprimer ainsi, dans le cas des entreprises responsables des pluies acides dans le nord-est des États-Unis; en vertu d'une loi récente, ces entreprises pourront désormais acheter des crédits E.R.C. d'autres industries situées dans des zones de faible émission, ce qui leur permettra de continuer à polluer la côte est. Non seulement l'Agence de protection de l'environnement se lave-t-elle les mains de toute l'opération, mais elle prétend qu'elle contribue à diminuer lentement les taux de pollution, car lorsqu'elle accorde des crédits d'E.R.C., elle oblige les entreprises à se tenir à 90 % du taux de pollution permis par le certificat. J'ajouterai seulement que cette idée des E.R.C. est due à un ancien haut fonctionnaire de l'E.P.A....!

La mesure
de l'horreur

De toutes les horreurs imaginées par l'homme au cours de ce siècle finissant, aucune ne dépasse en insanité le largage de la première bombe nucléaire au-dessus d'Hiroshima, au matin du 6 août 1945. Conçue et fabriquée avec l'assentiment de la communauté scientifique américaine des sciences dures, déclenchée sur l'ordre de Harry Truman qui est maintenant considéré comme l'un des meilleurs présidents américains, cette bombe presque artisanale au regard des puissances actuelles — vingt mille petites tonnes de T.N.T. au maximum — a produit une série de retombées en cascade, d'erreurs si l'on veut — le mot «erreur» étant l'euphémisme mondain pour désigner les crimes de guerre en politique internationale.

Je ne parle pas des soixante-dix mille habitants tués sur le coup ni de celui, anonyme, dont seule l'ombre couleur de cendre a été plaquée sur la façade d'un immeuble; je parle des quatre-vingt-dix mille survivants, incluant ceux de Nagasaki. Jamais population n'aura suscité autant d'études épidémiologiques depuis quarante-trois ans, afin de préciser les risques — c'est une des fonctions de l'épidémiologie contemporaine — de mourir de leucémie ou de quelque autre cancer dans les années qui ont suivi le bombardement et qui continuent d'en générer à retardement.

Le déroulement de cette étude épidémiologique confiée à une commission américano-japonaise (innocents et coupables confondus) est digne d'Ionesco. Instituée en 1947, l'étude, au coût de plusieurs centaines de millions de dollars, a porté, cas par cas, sur les 93 741 personnes qui se trouvaient à Hiroshima au moment de l'explosion, ainsi qu'à Nagasaki (mais nous ne parlerons pas de ces dernières, car les paramètres étaient différents). À Hiroshima, on a étudié la distance à laquelle se trouvaient les individus par rapport à l'épicentre, leur orientation de dos, de côté ou de face, à l'intérieur ou à l'extérieur d'habitations, l'évolution subséquente de leur état de santé, leur mortalité ultérieure par diverses formes de cancer, le sort de leur progéniture, bref, toutes les variables que des épidémiologistes peuvent inclure dans une étude exhaustive.

Près de vingt ans plus tard, en 1965, la commission disposait d'une «dosimétrie», c'est-à-dire d'une table de risque de mortalité par cancer en fonction de la dose initiale de radiations reçue au moment de l'explosion de 1945, et établissant la distinction entre la dose sous forme de neutrons ou sous forme de rayons gamma, les premiers étant plus cancérigènes que les seconds. C'est à partir de cette étude épidémiologique qu'ont été fixées, dans tous les pays du monde, les normes de protection de toutes les personnes exposées aux radiations dans leur milieu de travail ou au contact d'appareils de diagnostic médicaux présentant un danger d'irradiation.

C'est ici qu'Ionesco commence à montrer le bout de l'oreille. À compter de 1970 et pendant toute la décennie qui suit, l'excès de mortalités par cancer dépasse les prévisions épidémiologiques de façon notable. Les risques attribuables aux radiations de 1945, et sur lesquels se fondaient les normes universelles de protection, sont supérieurs aux calculs. Il faudrait donc, de toute urgence, réviser les normes. La commission n'en fait rien, parce que le problème est très complexe, parce qu'il s'agit d'une situation politiquement explosive et que les groupes défenseurs de l'environnement, alertés par les fuites inévitables, commencent à s'agiter. En 1980, on opte donc pour une solution scientifico-bureaucratique; les commissions ayant la vie dure et la reproduction facile, on crée une autre commission conjointe, un groupe de travail auquel on donne la mission de réviser les données de base.

Car, figurez-vous, en 1945, on n'avait fait qu'un estimé grossier de la puissance de la bombe larguée sur Hiroshima et de la proportion relative de neutrons et de rayons gamma qu'elle pouvait générer. La seule certitude était le nombre de cadavres; le reste de l'étude épidémiologique était à refaire. Après s'être décidé, sur le tard, à étudier une réplique de la bombe initiale larguée sur Hiroshima, on eut la surprise de constater que la proportion des neutrons émis était «dix fois» plus faible qu'on ne l'avait cru, ce qui augmentait d'autant le potentiel cancérigène des rayons gamma, qui représentent la radiation la plus courante à laquelle sont exposés les travailleurs.

Ce nouveau rapport de la commission vient d'être publié, mais, croyez-le ou non, on attendra encore un an ou deux avant de recommander des normes de protection plus adéquates qui tiendront compte des risques maintenant connus, et qui sont au moins quatre fois supérieurs à ceux qui servent à fixer les normes actuelles. Comme l'affirme un des membres de la commission, sans doute avide lecteur d'Ionesco: «On ne peut pas changer du jour au lendemain un système international de normes de protection.»

Voilà. C'étaient quelques plantes vénéneuses d'un jardin dévasté par la fureur des hommes...

Le tour
du Brésil

Le plus grave accident nucléaire depuis Tchernobyl, le pire à être survenu dans l'hémisphère occidental, s'est produit récemment à Goiânia au Brésil, non loin de Brasilia, mais les journaux, à l'exception du périodique américain *Science*, n'ont pas cru devoir en faire leur manchette. C'est loin, le Brésil, et Goiânia, en dépit de son million d'habitants, n'est pas dans le collimateur des médias d'information.

Contrairement à ce qui s'est passé dans le cas de Tchernobyl, aucun réacteur nucléaire n'a explosé, aucun nuage radioactif n'a erré au gré du vent par-dessus les frontières. Il y a quand même eu deux cent quarante-quatre personnes fortement contaminées par le césium radioactif, dont quatre sont mortes de la maladie des radiations; un bilan qui pourrait s'alourdir avec le temps.

Cet accident nucléaire de Goiânia est la double conséquence de la négligence et de l'ignorance. En voici en bref le déroulement, tel qu'on a pu le déterminer. Il y avait dans la ville une clinique de radiothérapie que ses propriétaires, deux professionnels de la santé, avaient abandonnée depuis deux ans pour aller s'installer dans un autre immeuble, en laissant sur place l'appareil de radiothérapie contenant du césium radioactif à l'intérieur d'une capsule de platine, elle-même incluse dans un récipient métallique d'une contenance de quelques litres. En septembre dernier, deux marchands de ferraille ont pénétré dans la clinique abandonnée, ont démantelé l'appareil et l'ont revendu à un brocanteur du coin. Quelques semaines plus tard, deux employés ont ouvert le récipient extérieur, ont forcé la capsule de platine et ont découvert avec surprise une substance cristalline à belle luminescence bleue qui n'était autre que le césium 137 fortement radioactif. Ils l'ont apporté à la maison, l'ont exposé dans la salle commune et en ont distribué des morceaux à la famille et aux amis. L'un de ceux-ci l'a placé sous son oreiller, un autre en a gardé un fragment dans sa poche, une petite nièce s'est maquillée les paupières comme on le ferait avec des paillettes et, les mains pleines de césium, a mangé un sandwich aux oeufs. Inutile de dire qu'elle est morte, comme le travailleur qui avait éventré la capsule, comme la voisine qui s'était endormie sans enlever la poudre qui adhérait à ses vêtements.

La panique s'est rapidement propagée au sein de la population locale; craignant la contamination des sources d'eau potable, les voisins se sont opposés vigoureusement à l'inhumation des victimes, même si ces dernières étaient déposées à l'intérieur de cercueils plombés. Dans les régions avoisinantes, on refusait d'acheter les grains, le lait et les légumes en provenance de Goiânia, et le gouvernement brésilien, tout fier d'avoir mis au point une méthode d'enrichissement de l'uranium pour son programme nucléaire, se voyait aux prises avec une crise majeure aggravée par la réalisation que le Brésil, comme d'ailleurs beaucoup de pays, était insuffisamment équipé pour exercer un contrôle efficace sur les substances radioactives.

Il n'y a pas eu de dégagement dans l'atmosphère ni de retombées à distance, mais le césium radioactif est passé entre tellement de mains dans le voisinage que l'on a retrouvé des traces de radioactivité dans le sol, sur les voitures et même dans des animaux de ferme. On n'a pas encore terminé, sept mois après l'accident, de décontaminer le territoire touché; surtout, on ne sait trop quoi faire des tonnes de déchets radioactifs car le pays ne dispose pas de sites d'enfouissement.

On ne peut pas s'attendre à ce que la population d'une petite ville en plein coeur du Brésil sache reconnaître les dangers que représente une poudre luminescente comme le césium; la même mésaventure pourrait d'ailleurs fort bien survenir à un groupe de Québécois. Ce que l'on comprend moins, c'est que des professionnels de la santé, qui ont appris à utiliser un appareil de radiothérapie, l'abandonnent sans prévenir les autorités responsables. Mais peut-être n'y avait-il pas d'autorités responsables...

Petite histoire de la guerre bactériologique

On raconte que le président Roosevelt, parcourant le budget de 1943 en compagnie de son principal assistant, lui demanda tout à coup: «Pourquoi les recherches sur l'élimination des insectes nuisibles sont-elles si confidentielles?» Il faisait allusion à une demande d'appropriation budgétaire au montant d'un demi-million de dollars, enfouie dans les prévisions globales du ministère de l'Agriculture. On lui offrit des réponses évasives et Roosevelt cessa de s'y intéresser. La vérité, c'est que la demande du ministère de l'Agriculture concernait des projets de guerre bactériologique, qui étaient en cours depuis 1941, et qui n'ont cessé de se poursuivre au fil des années; en 1986, les États-Unis ont dépensé environ soixante millions de dollars pour la guerre biologique, sans que personne ne proteste.

La guerre biologique — entendue au sens de l'utilisation de substances toxiques au lieu de bombes conventionnelles — avait fait son apparition au cours de la Première Guerre mondiale, à l'instigation des Allemands. Le chlore et le gaz moutarde avaient d'abord été utilisés, faisant des millions de victimes (ceux qu'on appela par la suite les gazés), mais leur usage avait été abandonné, à cause des vents contraires qui parfois rabattaient sur les armées offensives les gaz toxiques destinés aux troupes ennemies.

À la faveur du climat pacifiste des années d'après-guerre et suite à la signature du traité de Versailles, quarante nations adoptèrent en 1925 la Convention de Genève, qui prohibait l'utilisation des armes biologiques, mais qui n'en interdisait ni la mise au point ni l'accumulation. Les États-Unis, signataires de la Convention, ne la ratifièrent qu'en 1975. On comprend dès lors pourquoi, dès le début de la Deuxième Guerre mondiale, les recherches sur la guerre bactériologique furent gardées secrètes même à l'intention du président Roosevelt et de son successeur Truman, ni l'un ni l'autre ne paraissant d'ailleurs s'y intéresser particulièrement. C'est ainsi que des millions de dollars ont été dépensés, et le sont encore, afin de parer à une offensive ennemie qui, en 1940-1945, n'a jamais été dans les intentions d'Hitler et, depuis, ne semble faire partie des plans militaires soviétiques que dans l'esprit des services américains de contre-espionnage.

Si l'on en croit les quelques documents officiels qui ont été conservés aux archives — car on n'a pas attendu les déchiqueteuses modernes pour les détruire presque tous —, les deux premières armes bactériologiques imaginées par les Américains et, par la suite, fabriquées et emmagasinées par eux, étaient la botuline et les spores d'Anthrax pulmonaire, toutes deux d'origine bactérienne, de toxicité redoutable et d'une période d'incubation très brève. La botuline est un poison bactérien gastro-intestinal qu'il suffit d'ingérer par l'eau ou par les aliments qui en sont arrosés pour que la mort s'ensuive à brève échéance. Les spores d'Anthrax, disséminées dans l'air ambiant, se fixent sur les poumons et provoquent des lésions mortelles.

En 1943 et en 1944, l'armée américaine fabriquait, chaque mois, deux cent soixante-quinze mille bombes de botuline et un million de bombes d'Anthrax. Après la capitulation allemande, en 1944, on continua d'en fabriquer pour usage éventuel contre les Japonais, mais elles ne furent jamais utilisées. Les bombes nucléaires lâchées sur Hiroshima et sur Nagasaki avaient rendu leur emploi inutile, quoique Truman, de son propre aveu, n'eût pas hésité à s'en servir si la guerre s'était poursuivie, pas plus qu'il n'aurait hésité à détruire les rizières japonaises à l'aide d'isothiocyanate d'ammonium, poison voisin de celui de Bhopal, au risque d'affamer les populations civiles, et d'avoir ensuite à les nourrir.

Les anciennes bombes biologiques ou bactériologiques ont été détruites: on sait que leur durée de conservation est limitée. Les plus nouvelles sont toujours à l'essai: ce sont les bombes neurotoxiques, susceptibles de paralyser irréversiblement le système nerveux de l'ennemi, civil ou militaire. La bombe neurotoxique ne fait pas ces distinctions puériles.

Les fanatiques
de l'environnement

La protection de l'environnement, ainsi que l'a affirmé à plusieurs reprises l'écologiste Pierre Dansereau, devrait être une science; elle ne devrait pas devenir une religion.

Je ne sais pas si les individus qui luttent au Canada contre la dégradation de l'environnement et contre l'introduction dans le milieu de substances chimiques potentiellement toxiques se sont réjouis à la nouvelle que l'État de Californie avait adopté récemment, par voie de référendum populaire, une loi relative à la qualité de l'eau potable et à l'assainissement des milieux. L'intention en est louable et le processus de mise en oeuvre parfaitement démocratique; pour ma part, je crois que les réjouissances sont prématurées, que la loi sera inopérante et que l'on s'apercevra bientôt qu'elle s'inspire davantage d'un fanatisme utopique que d'une connaissance rationnelle des dangers réels de la pollution chimique et des moyens les plus efficaces d'y mettre un frein.

Examinons de plus près cette loi californienne, qui se présente comme un évangile de la pureté environnementale. Conformément à cette loi, aucune personne ou entreprise commerciale n'aura le droit d'exposer un individu à une substance chimique reconnue pour être susceptible de provoquer le cancer ou d'avoir des effets toxiques sur les fonctions de reproduction, sans, au préalable, l'en avoir averti de façon claire. On estime, à ce compte, qu'environ quinze mille produits alimentaires disponibles dans les supermarchés devront afficher cette mise en garde, car ils contiennent, en des proportions parfois infinitésimales, des substances potentiellement cancérigènes ou tératogènes. C'est là que résident l'ambiguïté et les effets pervers d'une telle législation: on a confondu dans la même législation les substances réellement cancérigènes aux doses courantes et les substances potentiellement cancérigènes ou tératogènes dont l'absorption à faible dose représente un risque tellement faible que l'on peut raisonnablement l'ignorer.

La loi, ayant négligé d'établir cette distinction, obligera désormais les fabricants de produits alimentaires à placer des étiquettes sur la plupart de leurs emballages, faisant état des dangers cancérigènes ou tératogènes potentiels. Même dans les restaurants, celui qui commande un poulet grillé, un steak sur charbon de bois ou une bouteille de vin devra se faire servir un avertissement de même nature. La consommation, qui n'est souvent plus une source de plaisir, va bientôt se confondre avec un risque pour la santé. La qualité de la vie, qui était un des objectifs de la nouvelle loi, va subir, sur le plan psychologique et culturel, une dégradation inattendue. Dans une couple d'années, la seconde partie de la loi s'appliquera également à l'eau potable, ce qui aura pour conséquence une série d'avertissements de même nature à l'égard des produits utilisés dans la culture des aliments et dans l'alimentation des animaux domestiques, produits qui se retrouvent à la fin dans l'eau de consommation.

Au lieu de procéder au référendum et d'instaurer une phobie permanente au sein de la population, il aurait peut-être mieux valu renseigner le public sur les nuances qu'il convient d'apporter à l'évaluation des résultats scientifiques en matière de toxicité, résultats largement diffusés comme des vérités premières.

Une étude expérimentale de toxicité, quelle que soit la rigueur avec laquelle elle a été effectuée, ne permet de tirer de conclusions valables que pour des concentrations précises et des temps d'exposition définis, dans des conditions de laboratoire dont tous les paramètres sont contrôlés.

Lorsque l'on diffuse ces conclusions en les généralisant hâtivement, sans préciser les conditions dans lesquelles elles s'appliquent, on ne rend service ni à la population ni à la crédibilité de la communauté scientifique. Les médias ont leur part de responsabilité dans la diffusion de ces résultats douteux, qui servent à inquiéter les gens sans raison; plusieurs scientifiques eux-mêmes, par souci de vaine publicité, tombent parfois dans le même panneau et pêchent ainsi contre les vertus premières de leur profession, qui devraient être la rigueur et la soumission aux faits.

La loi californienne sur la protection de l'environnement, dans sa formulation actuelle, n'est même pas un retour au Paradis terrestre, ce qui aurait pu en faire un beau rêve irréalisable dans une société qui ne saurait revenir brusquement à la pureté environnementale sans effondrement économique. Cette loi ne fait que multiplier les avertissements en punissant ceux qui négligeraient de le faire. Bien plus, et c'est là qu'elle devient perverse, elle invite les citoyens à dénoncer les contrevenants en leur promettant qu'ils toucheront 25 % des amendes perçues à la suite de leurs dénonciations. On proteste avec raison contre les tentations d'instaurer un État policier; on devrait s'élever avec plus de vigueur encore contre une loi qui ferait d'une société une véritable société policière.

Le bonhomme Sept-Heures de l'écologie

Celui qui, de nos jours, émet des réserves au sujet de la protection de l'environnement risque d'être accusé de prêcher le vice aux dépens de la vertu; même le vieux proverbe selon lequel il faut savoir raison garder devient suspect aux yeux de ceux qui confondent l'écologie et l'hystérie collective. Il faut quand même savoir dénoncer les excès, de quelque côté qu'ils viennent. L'automne dernier, par exemple, un groupe de citoyens américains du Missouri a obtenu, par règlement hors cours, un montant de dix-neuf millions de dollars en dommages-intérêts de la part de compagnies accusées d'avoir déversé de la dioxine dans l'environnement; d'autres plaignants, au Massachusetts, se sont vu octroyer huit millions, et un autre groupe, au Tennessee, a reçu 12,7 millions de dollars en dommages-intérêts.

Une conclusion à courte vue consisterait à crier victoire sur les pollueurs, qui n'ont eu que ce qu'ils méritaient. Néanmoins, lorsque l'on scrute les détails, on constate que le bien-fondé des trois causes reposait sur l'argumentation passionnée de «trois experts» qui ont fait valoir l'existence d'un lien possible entre la présence de produits toxiques (qui était indéniable), les atteintes au système immunitaire (qui étaient hypothétiques) et l'apparition potentielle de cancers (dont l'existence n'était pas démontrée). Le plus notoire de ces experts prétend exercer une nouvelle discipline qu'il a inventée lui-même: l'écologie clinique.

L'écologie clinique, dont la valeur scientifique reste à démontrer, attribue les allergies, les dermatoses et tout un éventail de pathologies (y compris le cancer) à l'altération du système immunitaire en présence de diverses formes de pollution chimique. Elle préconise un traitement à base d'aliments naturels, bannit les produits en conserve dont l'intérieur des contenants peut laisser s'échapper des phénols ou d'autres produits dangereux non identifiés, et va jusqu'à conseiller aux victimes potentielles de se procurer des tentures, des moquettes et des revêtements muraux qui ne dégageront pas de formaldéhyde.

Agressive dans ses poursuites judiciaires et puritaine dans sa thérapeutique, l'écologie clinique est floue à l'égard de ses critères scientifiques et de ses méthodes statistiques. Elle repose sur des rapports préliminaires, déjà controversés, qui spéculent sur la possibilité de modifications du système immunitaire par divers produits chimiques, sans tenir compte de leur concentration dans l'organisme. Des substances dont le seul nom inspire la terreur, comme la dioxine, sont mises en cause sans que l'on puisse déterminer de façon précise comment se manifeste l'altération du système immunitaire, les épreuves de laboratoire se révélant contradictoires. Dans le cas de l'Aldicarb, le pesticide fabriqué par Union Carbide, des souris qui en ingèrent 0,1 partie par milliard présentent, paraît-il, un système immunitaire déprimé, alors que des doses supérieures les laissent intactes!

Ce genre de résultat, repris par la grande presse sans examen critique, alimente l'arsenal de l'écologie clinique. On insiste très peu sur la mesure de l'atteinte immunitaire (le système immunitaire étant de toute façon un système «fluctuant») mais on fait jouer les réflexes de peur en suggérant une relation causale entre la pollution chimique, l'agression du système immunitaire, le cancer et — pourquoi pas? — le sida. C'est l'écologie du bonhomme Sept-Heures. Les meilleures causes pourrissent lorsqu'on se porte à leur secours avec des arguments douteux.

Les quelque quarante millions de dollars en dommages-intérêts qui ont été obtenus dans les trois procès que je mentionnais au début de cette chronique ne peuvent réjouir que les fanatiques, d'autant plus que les ententes hors cour semblent avoir été inspirées plus par la crainte d'une mauvaise publicité soutenue que par la démonstration scientifique des préjudices graves causés aux plaignants. Les véritables gagnants ont encore été les avocats. Loin de moi la pensée de chercher à excuser les pollueurs. Mais je suis persuadé que, si l'on désire livrer une lutte rationnelle pour la défense de l'environnement, il faut commencer par savoir de quoi l'on parle. Or, dans le cas de la pollution chimique et de ses effets sur l'organisme humain, si on fait exception des cas graves, massifs, patents, nous devons admettre que la connaissance scientifique présente une importante zone grise lorsque les concentrations sont faibles et les temps d'exposition imprécis. Même l'eau pure est une substance toxique lorsqu'on l'absorbe en trop grande quantité; un supplice chinois bien connu était fondé sur ce principe.

Avant de revendiquer les droits des non-pollueurs, il faut s'assurer que les causes que l'on défend résistent à l'examen critique. Autrement, on ne fait qu'exploiter les craintes individuelles et collectives, ce qui mène tout droit à l'intolérance. Et l'intolérance, à haute concentration, me paraît plus dangereuse que la M.I.U.F.

Les nourritures

La nouvelle alimentation miracle

Lorsqu'il s'agit d'aller chercher l'argent dans les goussets des consommateurs, il existe trois recettes infaillibles dont le succès ne se dément pas au fil des années: le sexe, les régimes alimentaires et la sérénité psychologique. Dans les trois cas, le sujet est émotif, le produit intangible et les profits substantiels. De ces recettes, je crois que la palme revient aux régimes révolutionnaires ou prétendus tels.

Il faut bien dire que l'être humain, que l'on se plaît à qualifier d'animal raisonnable, fait une large part, pour la conduite de sa vie, aux fantasmes les plus irrationnels, au nombre desquels se placent au premier rang les fantasmes liés à l'alimentation, aux régimes et à la nutrition en général. Élevé dans la croyance exagérée que ce qu'il mange le rend malade, il croit volontiers que ce qu'il mange est susceptible de prévenir ou de guérir les maladies. D'où le succès foudroyant — et la plupart du temps éphémère — des nouveaux régimes qu'on lui propose et que l'on accompagne d'une publicité aussi tapageuse qu'impressionnante.

Le dernier en date de ces régimes, qui va bientôt envahir le marché canadien, mérite qu'on s'y arrête. La compagnie mère se nomme USA, Inc., abréviation ingénieuse mais trompeuse de United Sciences of America; elle a été fondée par un ancien assistant du procureur général du gouvernement américain, ainsi que par un ancien entrepreneur spécialisé dans les campagnes publicitaires téléphoniques.

Les produits offerts aux consommateurs constituent une gamme de suppléments nutritifs que l'on doit prendre quotidiennement, en plus des trois repas équilibrés qui assurent, à eux seuls, une nutrition adéquate. Le premier est un «mélange synergique» de vitamines et de minéraux; le second, qui à mes yeux constitue la trouvaille publicitaire de l'année, est un «bar de fibres alimentaires». Il y avait des bars à cocktails, des bars à salades, on nous offre maintenant des bars de fibres, sans doute de céréales mélangées où l'on trouve des fibres de blé, d'avoine, de carottes ou de chou séché, renfermés dans une petite boîte. Le troisième produit miracle est une huile extraite de l'ail et de divers poissons d'eau salée. Un tel régime coûte la bagatelle de cent trente-cinq dollars par mois. À l'intention des obèses, on offre, en option, une formule de «contrôle calorique» destinée à remplacer deux des trois repas quotidiens, avec garantie d'amaigrissement sans danger.

La campagne publicitaire de USA, Inc. utilise les journaux et les revues mais surtout la télévision et les vidéocassettes que l'on peut visionner à la maison. La compagnie fait appel à cent quarante mille distributeurs qui achètent les produits et les revendent à leurs amis ou à leurs connaissances. C'est exactement la technique de la vente pyramidale qui a fait le succès d'Amway, de sinistre mémoire.

Le pire, c'est que USA, Inc. a réussi à former un comité consultatif de quinze chercheurs américains éminents, dont trois prix Nobel, qui ont prêté leur nom à la campagne publicitaire et à l'endossement du produit. Aucun de ces conseillers scientifiques n'est nutritionniste mais sept d'entre eux ont bénéficié d'octrois de recherche offerts par la compagnie et choisis par le comité consultatif. Je m'empresse d'ajouter que, depuis quatre mois, quatre des membres du comité consultatif, dont les trois prix Nobel, ont démissionné en avouant que leur bonne foi avait été surprise. Inutile d'ajouter que la formule miracle d'USA, Inc. ne repose sur aucune base scientifique et qu'elle ne fait qu'exploiter les fantasmes qui s'attachent aux suppléments alimentaires. Si vous trouvez dans une alimentation équilibrée tout ce qui est nécessaire à votre subsistance, le fait d'en rajouter ne vous rendra ni mieux portant ni mieux prémuni contre les maladies. Ce sont là des notions élémentaires.

On peut finalement se demander pourquoi des chercheurs connus, et même des prix Nobel, ont pu se prêter, même temporairement, à pareille fumisterie. Il faut croire que les diplômes ne protègent pas contre la naïveté...

L'exercice et le métabolisme

La sagesse populaire enseigne depuis longtemps que l'exercice physique modéré contribue au bien-être physiologique et psychologique de l'individu: il favorise la circulation, maintient le tonus musculaire, assouplit les articulations. Ce n'est qu'accessoirement, et récemment, qu'il a été investi du pouvoir de faire maigrir celui ou celle qui s'y adonne avec vigueur et régularité; cela n'a jamais constitué la fonction première de l'exercice, ni son principal avantage.

Depuis la mode du jogging, de l'aérobique, des clubs de conditionnement physique et des périodiques spécialisés qui célèbrent la «forme» et les gadgets nécessaires à son maintien, la publicité cherche à convaincre une population suralimentée, non seulement que l'exercice fait perdre des kilos mais que son effet bienfaisant sur le métabolisme se fait sentir au-delà des heures consacrées à la gymnastique proprement dite. Il faudrait voir de plus près ce qu'il y a derrière cette exaltation des effets prolongés de l'exercice sur le métabolisme.

Une première précision s'impose ici car le mot «métabolisme» recouvre une double réalité. Le métabolisme, c'est l'ensemble des réactions chimiques qui s'accomplissent au sein de l'organisme et qui lui permettent d'assurer toutes ses fonctions vitales. Le métabolisme, c'est également le résultat global de toutes ces réactions, c'est-à-dire une production d'énergie mesurée sous forme de chaleur, à partir de l'énergie chimique apportée par les aliments ou provenant des réserves déjà accumulées. C'est de ce métabolisme exprimé sous forme de production de chaleur ou de dépense en calories qu'il est question ici, et il n'est pas besoin d'être grand clerc pour admettre que l'exercice musculaire, en favorisant la combustion des aliments, va permettre à l'organisme de dépenser plus de calories que si on le maintenait au repos.

La question est donc de savoir si l'augmentation du métabolisme persiste après la fin de l'exercice, comme le prétendent les propagandistes des clubs de conditionnement physique. Ceux-ci s'appuient sur une seule étude effectuée au cours des années trente, avec comme sujets les joueurs de l'équipe de football de Harvard, qui montraient encore, quarante-huit heures après la fin d'une partie contre les footballeurs de Yale, une augmentation de leur métabolisme. Une telle étude n'avait jamais été reprise jusqu'à ces derniers temps; il faut dire que la mesure exacte du métabolisme n'est pas une entreprise de tout repos, si l'on veut que l'expérience soit rigoureuse. Lorsque les premières mesures ont été effectuées chez l'homme au repos, au début du siècle, on enfermait les volontaires dans des chambres complètement isolées, de façon à éliminer toutes les influences caloriques étrangères à l'apport alimentaire et aux déperditions naturelles par rayonnement, par élimination de sueur, d'urine ou d'excréments, de façon à obtenir une comptabilité énergétique précise.

Récemment, deux équipes de chercheurs ont eu le courage de refaire ces mesures, avant et après exercice physique; les résultats obtenus, s'ils paraissent contradictoires, sont en fait complémentaires. Dans le premier cas, Pi-Sunyer, de Columbia, a trouvé qu'un exercice modéré, s'il augmentait évidemment le métabolisme en cours d'activité, n'entraînait pas d'effet résiduel. Dans le second cas, les chercheurs Angelo Tremblay et Claude Bouchard, de l'université Laval, ont constaté que des exercices intensifs et prolongés pouvaient provoquer une augmentation du métabolisme qui persistait pendant deux ou trois jours. L'avantage, c'est qu'une fois l'exercice intensif terminé, l'organisme continue, comme par un effet d'entraînement, à dépenser des calories supplémentaires. L'inconvénient, c'est que la plupart des gens, ceux qui précisément espèrent se débarrasser d'un excès de poids parce qu'ils sont obèses, sont incapables de se livrer à des exercices suffisamment exténuants pour que leurs effets se prolongent au-delà de la période réglementaire.

On aurait donc tort de recourir aux exercices violents, dont les dangers commencent d'ailleurs à être connus, pour essayer de se délivrer de son embonpoint; il vaut mieux se contenter d'exercices modérés et restreindre plutôt l'apport calorique, c'est-à-dire alimentaire, sans espérer les miracles proposés par la publicité.

Le cholestérol : qui trop embrasse mal étreint

Lorsque le temps des sucres coïncide avec la saison pascale, on assiste à une véritable débauche de jambon et de cochonnailles, de fèves au lard, d'oeufs et de crêpes dans le sirop, sans compter les oreilles de Christ qu'on ne sait plus trop comment épeler; bref, une orgie de repas bourrés de cholestérol. Les spécialistes de la nutrition, pour qui le cholestérol est la bête noire de prédilection, en profitent pour monter en épingle les méfaits d'un taux élevé de cholestérol, surtout de celui qu'on surnomme le «mauvais cholestérol», c'est-à-dire l'ensemble des lipoprotéines à faible densité charriant le cholestérol dans les artères et provoquant leur obstruction progressive pouvant aller jusqu'au blocage total, avec leurs séquelles d'artériosclérose et de maladies cardiaques dont sont victimes chaque année environ cinquante mille Canadiens.

On aurait sans doute mauvaise grâce à critiquer des professionnels qui se préoccupent à juste titre de notre bien-être métabolique, mais on peut se demander si, dans leur rigueur à établir des classifications et à formuler des recommandations strictes, ils n'ont pas tendance à oublier parfois la complexité mouvante du réel. Ainsi, selon leurs critères, seul un niveau de cholestérol inférieur à 200 mg est désirable; entre 200 et 239 mg se situent les cas frontières; au-delà de 240 mg, le niveau est trop élevé. Même les cas frontières deviennent indésirables s'il s'y joint d'autres facteurs de risque tels que le sexe mâle, l'hypertension, le diabète, le tabagisme et l'obésité. Dans tous ces cas à risque, y compris chez les enfants de deux ans, on recommande une réduction radicale du taux de cholestérol alimentaire, et, dans plusieurs cas, des médicaments propres à abaisser le cholestérol sanguin, tels que la lovastatine, la cholestyramine ou l'acide nicotinique. On espère ainsi réduire le nombre de crises cardiaques de trente mille par année.

Le premier inconvénient de cette approche thérapeutique, c'est que les généralistes sont trop occupés pour instaurer et surveiller un régime pauvre en cholestérol chez la majorité de leurs patients; le deuxième inconvénient, c'est que les nouvelles drogues anticholestérol présentent des effets secondaires dont la gravité à long terme est mal connue; le troisième inconvénient, beaucoup plus important, mais dont les spécialistes s'abstiennent généralement de parler, c'est que l'organisme humain, en plus de l'apport alimentaire qu'il reçoit, synthétise lui-même du cholestérol en proportion variable selon les individus, sans qu'il soit possible d'en déterminer exactement l'importance ni les facteurs intrinsèques qui en règlent la production. Ainsi, on peut se trouver face à des individus qui, avec un régime pauvre en cholestérol alimentaire, présentent quand même un taux élevé de cholestérol sanguin; inversement, des individus avec un régime riche en cholestérol peuvent présenter un taux sanguin normal ou légèrement élevé. Cette variabilité individuelle contraste avec les balises rigides de 200 et de 240 mg.

On peut ajouter, puisqu'il est question de balises, une complication qui se fait jour depuis quelque temps; c'est la difficulté d'établir avec précision, par une analyse de sang, le taux de cholestérol d'un individu. Chez la même personne, les résultats, d'une prise de sang à une autre, peuvent varier considérablement. Vous pouvez être normal un jour et anormal le lendemain. Certains spécialistes de la biochimie clinique vont jusqu'à affirmer qu'il faut répéter chaque analyse de cinq à dix fois avant de pouvoir établir une base rationnelle. Dans ces conditions, les niveaux critiques de 200 et de 240 mg perdent une grande partie de leur signification.

La sagesse, encore une fois, ne se trouve pas dans la panique suscitée par l'obsession des catégories trop rigoureuses. Une fois que l'on s'est assuré de consommer un régime équilibré, ce qui n'exclut pas les excès occasionnels, il faut essayer de vivre le coeur à l'aise sans faire un épouvantail de tous les aliments qu'on nous présente tour à tour comme nocifs. L'important est que les menus de Pâques ne deviennent pas des menus quotidiens. Le tofu non plus n'est pas recommandable tous les jours.

L'ostéoporose: un regard neuf

L'ostéoporose est une maladie qui présente apparemment un tableau clinique simple — une perte de calcium par le squelette osseux — et sa prévention ou sa guérison devrait résulter d'un apport supplémentaire de calcium. La fragilité osseuse qu'elle entraîne, source fréquente de fractures, se manifeste surtout chez les femmes, dans les dix années qui suivent la ménopause, et chez les hommes de soixante-dix ans ou plus.

On serait tenté de voir en l'ostéoporose une simple maladie de carence, qui satisferait l'image primitive de l'organisme humain considéré comme une machine: la santé se conserve en fournissant à la machine les substances dont elle a besoin ou, éventuellement, en remplaçant les pièces usées par des pièces neuves. La réalité, hélas, n'est pas aussi simple, comme tout ce qui touche à la vie. Mais on ne saurait blâmer les gens d'adhérer à cette image simpliste lorsqu'on voit que les chercheurs eux-mêmes ont de la difficulté à s'en débarrasser.

Ainsi, en 1984 — c'était hier —, les Instituts nationaux de la santé, aux États-Unis, avaient organisé un grand symposium pour faire le point sur le traitement et la prévention de l'ostéoporose; on sortait d'une période durant laquelle on avait privilégié le traitement aux oestrogènes, pour s'apercevoir qu'il entraînait une recrudescence des cas de cancer du sein et de l'utérus. On avait donc adopté comme recommandation principale le recours à un apport alimentaire de mille milligrammes de calcium par jour pour les sujets à risque.

La publicité aidant, car elle n'est jamais loin lorsqu'il s'agit de pilules ou d'aliments enrichis, on se jeta sur le calcium, qui présentait l'avantage de n'être ni toxique ni coûteux aux doses prescrites. Aux États-Unis, les ventes de suppléments calciques, qui atteignaient quarante-sept millions de dollars en 1984, grimpèrent à deux cents millions en 1987; proportionnellement, la croissance a été la même au Canada. On a donc refait pour le calcium ce qu'on avait fait pour le fer au moment de ma jeunesse: on annonçait, pour combattre l'anémie, les fameuses pilules «rouges» pour les femmes pâles et faibles, avec une petite connotation équivoque sur les pertes menstruelles. Les pilules rouges n'avaient de rouge que l'enrobage; l'intérieur contenait un sel de fer difficilement assimilable. Je n'en parle ici que pour souligner que nous sommes toujours aussi crédules lorsqu'il s'agit de réparer la machine humaine.

C'est précisément l'inquiétude de la communauté scientifique devant les excès des publicitaires au sujet du calcium — ils n'hésiteraient pas à nous faire croquer du marbre ou grignoter du plâtre — qui a récemment amené certains chercheurs américains à organiser un nouveau symposium sur l'ostéoporose. Symposium intéressant à plus d'un titre, davantage pour les doutes que l'on a exprimés sur les bienfaits des suppléments de calcium que pour les certitudes auxquelles on en est arrivé. Par exemple, on a reconnu que l'ostéoporose était une maladie beaucoup plus complexe qu'on ne l'avait admis jusqu'alors et qu'il fallait renoncer à l'équation facile: une cause, un effet. On n'a pas renoncé au calcium, mais on a pris la précaution de dire que les produits laitiers en étaient la meilleure source et que certains aliments à la mode, comme les épinards qui en contiennent en proportion notable, ne l'offrent pas sous une forme assimilable. L'assimilation, telle est la nouvelle clé et l'on est même allé jusqu'à exiger de l'industrie des aliments dits fortifiés qu'elle fasse la preuve que le calcium qu'elle ajoute peut être absorbé par l'organisme pour être déposé dans les os.

En dépit des risques qu'ils présentent, les oestrogènes sont revenus à la mode, à des doses plus faibles, et dans les seules années qui suivent immédiatement la ménopause. On a également mis le public en garde contre l'industrie nouvellement florissante des analyses sophistiquées du squelette osseux, fort coûteuses et de surcroît inutiles dans la majorité des cas.

Bref, un second regard sur l'ostéoporose qui reprend, avec des nuances, l'utilité d'un apport alimentaire suffisant en calcium, sans offrir la garantie d'une prévention à coup sûr. Les amateurs de certitudes pourront mal se consoler à la pensée que les participants au symposium ont dressé une liste d'une cinquantaine de facteurs liés à l'ostéoporose, les uns accentuant les risques, les autres offrant une certaine protection statistique. Au nombre des facteurs de risque: le vieillissement (tiens, tiens!), la maigreur et l'immobilité extrême; au nombre des facteurs de protection: l'obésité et l'appartenance à la race noire. Ces deux derniers paramètres comportent cependant également leurs facteurs de risque par les temps qui courent.

Le tabagisme et l'intolérance

Est-il encore possible de parler du tabagisme en utilisant un langage scientifique, à tout le moins un langage qui comporte un minimum d'esprit critique? Il semble que les temps actuels ne favorisent que les invectives, ne donnent droit de parole qu'aux sectaires et aux fanatiques des deux côtés de la barricade. Celui qui essaie de départager les excès se retrouve dans la position de l'ami de la famille qui tente d'intervenir dans une querelle conjugale et qui se voit bientôt traiter en ennemi par les deux parties, provisoirement liguées contre l'intrus.

Dans le cas du tabagisme, c'est la recherche scientifique et les connaissances qui en découlent qui font figure de trouble-fête, car on cherche avec acharnement à leur faire dire ce qu'elles ne peuvent affirmer sans trahir leur mission. Pour commencer par le commencement, il est évident que l'inhalation de la fumée du tabac comporte des effets toxiques qui ont été soigneusement documentés: irritation des voies respiratoires entraînant à la longue bronchite irréversible suivie dans certains cas d'emphysème, c'est-à-dire d'une perte d'élasticité par les poumons, dont l'issue est fréquemment fatale; facteur de risque à l'égard de l'hypertension artérielle et de l'artériosclérose, qui sont des maladies courantes de la civilisation contemporaine; enfin, facteur de risque à l'égard de certains cancers, en particulier du cancer du poumon. En ce moment, c'est le cancer du poumon qui retient davantage l'attention; c'est sur lui que se concentre la lutte contre le tabagisme. Par parenthèse, il est frappant de constater que seule la cigarette mobilise l'hostilité: le cigare (le tabac des riches) et la pipe (le tabac des vieux et des sages) échappent encore à l'ostracisme, ce qui montre bien que la lutte antitabac revêt une connotation culturelle qu'il serait intéressant d'étudier si le temps s'y prêtait.

La recherche scientifique a montré de façon probante qu'il y avait une corrélation très forte entre le cancer du poumon et l'usage de la cigarette; le discours populaire, et même intellectuel, a traduit cette constatation d'une façon abusive en concluant que la cigarette était la «cause» du cancer du poumon, tout comme la gravitation est la cause de la chute d'une pomme. C'est une des aberrations du pseudo-esprit scientifique contemporain que d'avoir confondu une corrélation et une causalité, une aberration qui a perverti une grande partie de la recherche biomédicale. On comprend que la soif de certitudes ait engendré cette confusion; on comprend mal que l'esprit critique l'ait tolérée. Il faut donc redire, au risque de choquer les sectaires, que le cancer du poumon n'est pas le résultat d'une cause unique, qui serait l'usage de la cigarette, mais qu'il est l'aboutissement d'une série de facteurs de risque, dont la cigarette et les autres formes de pollution sont les éléments principaux, mais non les seuls. Si le contraire était vrai, on ne pourrait pas expliquer pourquoi la majorité des fumeurs ne contractent pas le cancer du poumon ni pourquoi on le retrouve chez des personnes qui n'ont jamais fumé et qui n'ont pas été en contact régulier avec des fumeurs. Il n'en demeure pas moins que le tabagisme n'est pas bon pour la santé, ni l'alcool, ni les autres drogues, ni la vitesse au volant, qui est la principale cause de mortalité chez les jeunes adultes.

Voici maintenant que, dans l'attente d'une législation qui restreindrait les droits des fumeurs, si tant est qu'ils existent, et qui protégerait les droits des non-fumeurs, si tant est qu'ils existent, on entreprend de nous casser les oreilles avec les dangers de cancer du poumon, pas moins, dont seraient victimes les non-fumeurs, les fumeurs passifs comme on les appelle. Ces dangers ressortent d'une étude épidémiologique qui est un modèle de mauvaise recherche scientifique, dans laquelle on a comparé les risques des fumeurs à ceux des non-fumeurs en prenant pour acquis que les cancers de ces derniers étaient attribuables à la fumée de cigarette des fumeurs, à l'exclusion de toute autre influence. Voilà comment se fabriquent les condamnations, quand la passion l'emporte sur l'examen respectueux des faits.

Tout aussi ridicule est la campagne de vertu que mène en ce moment l'industrie canadienne de la cigarette, illustrée de chaussons de ballerine attendrissants. Ne bannissez pas le tabac, nous dit l'industrie, car nous subventionnons à même nos profits le ballet, les concerts et les activités sportives. C'est un discours qui sent la culpabilité, comme celui d'un fraudeur qui ferait état des fleurs qu'il envoie régulièrement à sa vieille mère. L'industrie acquerrait beaucoup plus de crédibilité, si c'est cela qu'elle recherche, en subventionnant une campagne d'éducation visant à encourager les jeunes gens et les jeunes filles à ne pas prendre l'habitude de fumer, alors qu'il en est encore temps.

Quant à ceux qui fument, et qui seront probablement victimes de leur toxicomanie, on pourrait se contenter de les plaindre plutôt que de les traiter comme des malfaiteurs. À la réflexion, derrière cette campagne antitabac qui prend de plus en plus la forme de l'intolérance, on peut se demander si ce n'est pas le plaisir des autres qui est visé; les sociétés puritaines comme celle dans laquelle nous sommes entrés après quelques années de laxisme moral tolèrent mal qu'on trouve au plaisir du contentement. Or, l'usage du tabac procure indéniablement du plaisir; autrement, personne n'accepterait d'en subir les inconvénients à long terme. Le tabac, même s'il faut s'excuser de le dire, réduit la tension nerveuse, aide à combattre le stress de la vie quotidienne et constitue un adjuvant précieux de l'activité intellectuelle. Il est surtout un accessoire du rêve et de la contemplation, ne serait-ce que grâce aux volutes bleutées qui s'élèvent dans la pièce. Que restera-t il à l'homme, je vous le demande, lorsque l'évasion sera interdite par la loi? Il restera la monotonie efficace et robotisée de la fourmilière.

Une providence pour les ivrognes

Depuis le temps que l'on affirme qu'il existe une providence pour les ivrognes, les protégeant des embûches dans lesquelles pourraient les précipiter leurs excès, je puis vous assurer que c'est vrai, en une certaine manière. Cette providence existe; je l'ai rencontrée.

C'est elle qui vient au secours des esclaves de la dive bouteille, des gymnastes du gosier en pente, des inconditionnels du quatrième dry martini. C'est cette providence qui, en dépit du coude levé à répétition, maintient le pas du buveur assuré, prévient l'empâtement de son discours, divise sa perception visuelle par deux lorsqu'il commence à voir double, le redresse quand il chancelle et lui garde l'oeil vif, à peine rougi, alors que sans elle il croulerait sous la table. Elle ne va pas jusqu'à garantir la fraîcheur du lendemain matin, non plus qu'à lui épargner la gueule de bois ou à desserrer l'étau qui emprisonne sa tête. Il ne faut pas trop en demander à la providence. J'ajouterai même qu'elle n'est d'aucun secours en cas de test à l'ivressomètre car, si elle annule les effets cérébraux de l'alcool, elle n'influence en rien le taux d'alcool dans le sang. La providence a des limites; elle ne constitue pas une assurance tous risques contre le péché capital qui rend l'homme semblable à la bête.

Cette providence des ivrognes, que j'ai rencontrée, porte le nom peu courant de RO 15-4513. Entre intimes, nous l'appellerons RO 15. Je l'ai rencontrée, il est temps que je vous le dise, dans une revue scientifique, et elle a été découverte il y a plusieurs années par les chercheurs de la grande société pharmaceutique Hoffmann - La Roche, la plus importante multinationale dans le domaine, la même qui a mis sur le marché le Valium et le Librium, les plus connus des benzodiazépines.

Pourquoi RO 15 n'est-il pas sur le marché, au même titre que ces deux célèbres tranquillisants? Les ivrognes n'ont-ils pas droit à la protection dont jouissent les victimes de désordres nerveux? La réponse à ces questions est l'aboutissement d'une histoire qui mérite d'être contée.

Dans les grands laboratoires de synthèse organique, comme Hoffmann - La Roche, il est d'usage, lorsqu'on découvre une nouvelle molécule aux propriétés pharmacologiques importantes, comme cela a été le cas pour la benzodiazépine, d'essayer de synthétiser des dérivés voisins, dans l'espoir de trouver des substances qui pourraient se révéler encore plus actives, ou qui pourraient présenter des effets secondaires moins notables. La synthèse de ces dérivés permet quelquefois également de préciser le mécanisme d'action de la substance initiale. Ce fut le cas en ce qui concerne le RO 15, lequel se révéla au surplus, mais de façon tout à fait inattendue, un puissant antagoniste de l'alcool, à des doses moindres que la dose léthale, cela va sans dire. Les études subséquentes montrèrent que le RO 15 neutralisait efficacement les effets de l'alcool, même pris à forte dose, sur le cerveau et sur le système nerveux, bref, tous les effets de l'alcool sur le comportement, y compris les effets sociaux les plus désagréables. De plus, le RO 15 ne présentait aucune toxicité apparente ni aucun effet secondaire désagréable. Une providence pour les ivrognes, je vous dis.

Après avoir bien soupesé les questions légales et les problèmes éthiques relatifs à la mise en marché du RO 15, Hoffmann - La Roche décida de ne pas l'introduire dans le commerce. L'objection majeure à son exploitation semble avoir été la certitude que la vente en serait interdite pour des raisons médicales. En effet, quelle plus belle incitation à l'alcoolisme généralisé que la sécurité de pouvoir se biturer à loisir sans être trahi par ses paroles ou par ses gestes maladroits! On pourrait se détruire le foie sans contrainte, mais je crois que la Providence, même sous le nom de RO 15, n'en serait pas heureuse. Et puis, à défaut de la Providence, il ne faut pas oublier la fée Tempérance qui, paraît-il, a bien meilleur goût.

Alcoolisme: des recherches dans l'impasse

Il ne faut pas abuser des statistiques: elles ont tendance à masquer la complexité du réel au profit de la fausse précision que proposent des chiffres souvent manipulés par ceux qui veulent gagner des adeptes à leur cause. Les statistiques sont encore plus perverses lorsqu'on leur attribue une valeur de prédiction, comme on le fait maintenant pour les cas de sida qui seront déclarés, paraît-il, en 1991 ou en l'an 2000. Laissons donc le sida, puisque tout le monde ne cesse d'en parler; tenons-nous-en au présent, puisque c'est ce qu'il y a de moins trompeur en matière de statistiques; tenons-nous-en à l'alcoolisme, puisque c'est, en Amérique du Nord, la maladie la plus coûteuse.

On évalue en effet ses coûts directs (médicaux) à environ quinze milliards de dollars par année. Les coûts indirects à la société, calculés en termes de perte de productivité (ce qui est matière à spéculation), oscillent autour de cent vingt-cinq milliards par année, dépassant de loin les coûts liés au cancer ou aux maladies du coeur.

D'autres statistiques pourraient nous venir en aide, si elles n'étaient pas sujettes à caution, étant fournies par ceux-là mêmes qui essaient d'obtenir des fonds de recherche pour étudier l'alcoolisme. On estime, par exemple, que de 25 % à 40 % (les chiffres varient selon les études) de tous les patients hospitalisés dans les hôpitaux généraux souffrent de maladies liées à l'alcoolisme, même si les diagnostics consignés sur leurs fiches n'en font pas état. La seule conclusion que l'on puisse en tirer, c'est que les médecins n'aiment pas inscrire le diagnostic d'alcoolisme dans leurs dossiers: ils préfèrent mentionner des troubles gastro-intestinaux, hépatiques ou cardiaques.

C'est un signe que l'alcoolisme, en dépit des coûts énormes qu'il entraîne, n'est pas une maladie socialement acceptable. D'ailleurs, est-ce vraiment une maladie, identifiable comme l'hémophilie et guérissable comme la rougeole? N'est-ce pas plutôt la punition de quelque péché, le châtiment de quelque vice honteux? Doit-on offrir un remède ou froncer les sourcils et ordonner au malade d'arrêter de boire? Si le médecin opte pour le remède, lequel choisira-t-il? Les antidépresseurs, dont les effets sur le système nerveux multiplient ceux de l'alcool et en aggravent ainsi les dangers? Abstinence donc, et si on n'a pas confiance que le patient puisse s'y conformer, on peut toujours proposer l'Antabuse, qui provoque de violentes coliques si le malade prend le moindre verre d'alcool. On a d'ailleurs renoncé à l'Antabuse à toutes fins utiles, car c'est une thérapie fondée uniquement sur la terreur engendrée par les effets possibles de l'alcool, une thérapie de caractère biblique où le châtiment survient immédiatement après le péché.

Lorsqu'on écrira l'histoire de ce XXe siècle fertile en progrès médicaux de toutes sortes, on ne manquera pas de s'étonner qu'il ait fallu attendre jusqu'en 1957 avant que l'Association médicale américaine reconnaisse officiellement l'alcoolisme comme une maladie chronique et progressive; ce n'est qu'en ces toutes dernières années qu'on l'a identifié comme étant, en partie, une maladie attribuable à une déficience enzymatique bien définie, donc une maladie comme les autres. Mais ce n'est pas une maladie simple, explicable uniquement par l'absence d'une enzyme nécessaire à l'oxydation de l'alcool; l'explication biochimique, si elle rend compte des atteintes ultérieures au foie, au coeur ou au cerveau, laisse de côté la vulnérabilité génétique, la dépendance physiologique, la dépendance psychologique engendrée par le stress et les pressions sociales, ainsi que les caractéristiques de comportement individuel. Ainsi, il y a autant de sortes d'alcoolisme qu'il y a d'alcooliques: ces derniers ne se ressemblent que dans les formes dégénératives terminales de la maladie.

Toutes ces incertitudes, jointes à l'indifférence du monde médical et à l'insouciance du public en général, expliquent pourquoi il n'y a pas encore eu de recherches concertées en vue d'élucider les mécanismes de l'alcoolisme et d'y apporter des remèdes efficaces. C'est pourquoi, à l'heure actuelle, les traitements non médicaux, comme ceux que proposent les Alcooliques anonymes, sont aussi efficaces que les traitements, dits médicaux, de désintoxication: les uns et les autres reposent en définitive sur l'abstinence, sauf que les A.A. y ajoutent l'appui moral d'un groupe qui partage la même culpabilité collective.

L'historien du XXe siècle, que j'évoquais tout à l'heure, notera peut-être que, dans le cas du sida comme dans le cas de l'alcoolisme, l'abstinence était considérée comme la mesure la plus efficace.

Les mangeurs de terre

Les explorateurs ou les ethnologues qui reviennent de contrées lointaines ont coutume d'émerveiller les habitants des pays «civilisés» en leur décrivant les mœurs étranges des tribus qu'ils ont rencontrées. Les habitudes alimentaires de ces indigènes sont les plus fascinantes, car c'est dans la façon d'accepter ou de refuser tel ou tel type de nourriture que se définit une civilisation.

C'est Valéry, je crois, qui faisait remarquer que le christianisme, par exemple, n'a jamais pu s'implanter massivement dans les pays où la culture du riz constitue la principale source alimentaire, parce qu'il est fondé sur le blé, c'est-à-dire sur l'hostie, sans parler du vin, qui n'a rien à voir avec les boissons fermentées tirées du riz.

L'étranger, l'ennemi parfois, c'est celui qui ne mange pas comme nous. Rappelons-nous l'interdiction du porc chez les juifs, la réputation des Français d'être des mangeurs de grenouilles, et nous-mêmes qui avons longtemps passé pour des *pea soup*.

La plus étrange, peut-être, des coutumes alimentaires est la géophagie, c'est-à-dire l'habitude de manger de la terre. Cette curieuse manie, que nous considérons comme une perversion de la nutrition, est répandue dans un grand nombre de pays, même dans des pays que l'on dit avancés. Elle existe encore, à l'état exceptionnel, chez nos enfants, et il arrive que des parents inquiets les fassent voir par le médecin ou, si les parents sont assez évolués, par des psychopédiatres ou des orthodiététiciens.

L'étrange coutume de manger de la terre à l'occasion est particulièrement répandue aux États-Unis, chez les Noirs du Sud. On l'a d'abord attribuée à la sous-alimentation puis on s'est avisé qu'elle provenait peut-être de leurs ancêtres africains.

Une équipe de chercheurs américains s'est donc rendue récemment en Afrique occidentale, plus particulièrement au Nigeria, et elle a découvert non seulement que la géophagie était coutumière, mais que la terre brunâtre qui servait à cet effet faisait l'objet d'un commerce florissant en direction de tous les pays avoisinants, à partir d'un village nommé Uzalla, dont le marché s'ouvrait deux fois la semaine, et qui en écoulait chaque année près de quatre cents tonnes. Il s'agit d'une terre pulvérulente qu'on appelle «éko», que l'on extrait de carrières situées à proximité d'Uzalla. On la calcine en la soumettant à feu vif pendant deux ou trois jours puis on la broie en fine poudre.

Ce qui paraissait une anomalie nutritionnelle devient donc un élément coutumier de l'alimentation de cette partie de l'Afrique. Évidemment, les chercheurs américains ont voulu savoir à quoi cela pouvait bien servir. Les médecins noirs leur ont expliqué que cette terre était efficace contre les ulcères d'estomac et contre la diarrhée, qui est une maladie endémique dans cette région du globe.

Intrigués, les chercheurs américains ont rapporté aux États-Unis des échantillons de cet aliment-remède afin de procéder à son analyse avec les instruments les plus sophistiqués de nos laboratoires modernes. Ils ont rapidement vu que c'était une forme de silicate d'aluminium dont les fines particules étaient en réalité de très minces lamelles pouvant glisser les unes sur les autres, un peu à la façon des feuilles de mica. Cette poudre présente un remarquable pouvoir d'absorption, c'est-à-dire de rétention en surface, à l'égard des bactéries et de plusieurs toxines. Mêlée à de l'eau, cette poudre peut être ingérée sans aucun danger et elle forme, à la surface des muqueuses de l'estomac et de l'intestin, un mince film protecteur qui prévient la toxicité bactérienne et qui s'oppose à la déperdition d'eau en cas de diarrhée.

Si vous avez déjà la puce à l'oreille, ce n'est plus la peine de continuer. Il suffira d'ajouter un élément supplémentaire. L'analyse spectrophotométrique a révélé que le produit africain était identique à un médicament que l'on trouve depuis longtemps dans toutes nos pharmacies et que l'on utilise couramment contre les malaises gastro-intestinaux, y compris la diarrhée. Son nom commercial le plus connu est le kaopectate, mêlé à la pectine et à la vanille. Le kaopectate, la terre que mangent les tribus africaines «primitives». Nous sommes tous des mangeurs de terre...

La pilule n'a pas de prix

Le débat du projet de loi relatif à la protection des brevets pharmaceutiques aura constitué, quelle qu'en soit l'issue, un étrange spectacle de marionnettes: les acteurs principaux, c'est-à-dire les fabricants de pilules, de comprimés et d'onguents, étaient absents de la scène et se contentaient de tirer discrètement en coulisse les ficelles d'une représentation réglée comme du papier à musique.

Le fond de la question est pourtant net et aurait pu faire l'objet d'un intéressant débat de société. Il se résume essentiellement à ceci: les multinationales de l'industrie pharmaceutique demandent au gouvernement fédéral de modifier la loi de 1969 sur les brevets pharmaceutiques afin de porter de sept à dix ans le délai de protection dont elles jouissent contre leurs concurrents lorsqu'elles mettent en marché un nouveau médicament dont elles détiennent les droits. Ce délai supplémentaire permet d'accroître d'autant la marge bénéficiaire de la compagnie qui détient le brevet, en interdisant aux compagnies concurrentes de copier la molécule et de la mettre sur le marché à un prix compétitif. En retour de ce privilège, les multinationales ne prennent aucun engagement ferme mais promettent d'accroître leurs investissements au pays, créant ainsi un nombre indéterminé d'emplois dans un secteur technique. Il est aussi question de subventionner la recherche pharmaceutique dans nos universités. Dans l'éventualité où la protection supplémentaire lui serait refusée, l'industrie pharmaceutique priverait l'économie canadienne des investissements promis.

L'enjeu est clair puisque, même dans le cas où les médicaments sont considérés comme gratuits, c'est l'ensemble de la société canadienne qui paie, directement ou indirectement, pour les profits supplémentaires que réclament les compagnies pharmaceutiques. Il s'agit de déterminer le juste prix et la juste récompense que doit recevoir l'industrie en échange de la propriété intellectuelle qu'elle détient sur le nouveau médicament. C'est une question de marchandage, fort acceptable par ailleurs dans une société capitaliste; ce n'est pas une question de santé publique ni surtout de prestige scientifique. Prétendre le contraire relève de l'imposture.

Un commentateur scientifique ne possède pas plus ni moins de droits qu'un autre citoyen à se prononcer sur la question du profit, raisonnable ou exorbitant, dont il est ici question. J'en dirai simplement que ce que je connais des pratiques commerciales de l'industrie pharmaceutique m'empêcherait de sangloter à la pensée que ses profits pourraient être maintenus à leur niveau actuel. C'est donc les yeux secs que je vous livrerai quelques réflexions sur deux ou trois aspects scientifiques ou métascientifiques qui ont fait surface à la faveur du débat sur les brevets pharmaceutiques. En premier lieu, la juste récompense attribuable à la propriété scientifique, que l'on a assimilée à celle du droit d'auteur. Le droit d'auteur institue une récompense individuelle à une activité artistique qui est celle de l'écrivain, du compositeur, de l'auteur dramatique, et dont les montants ne sont pas du même ordre de grandeur que ceux des profits pharmaceutiques. Surtout, les chercheurs individuels à l'emploi des grandes sociétés pharmaceutiques cèdent leur propriété intellectuelle à leur employeur, de sorte que la juste récompense n'est pas le lot du chercheur mais de la multinationale, ce qui en modifie singulièrement la perpective et devrait en limiter l'étendue.

En second lieu, l'esprit critique exige qu'on regarde de plus près cette notion, répandue dans le public par le biais de certains membres de la communauté scientifique, que la recherche de nouveaux médicaments serait compromise par le maintien des profits à leur niveau actuel. À une époque où l'étudiant du secondaire qui feuillette trois pages de dictionnaire vous assure qu'il est en train de faire de la recherche, on ne sait plus très bien ce qu'il faut entendre par la recherche. Si l'on parle de recherche expérimentale de laboratoire menant éventuellement à la découverte de nouvelles molécules douées de propriétés thérapeutiques, il s'agit d'une portion minuscule du budget total de l'industrie pharmaceutique. Ce qu'elle englobe sous le nom de recherche, et qui de toute façon ne dépasse guère 10 % du budget total, comprend l'évaluation toxicologique en laboratoire et en clinique, et, surtout, la présentation du produit, son enrobage, la mise au point du récipient et de son étiquette, le tout portant le nom de recherche, développement et innovation, en étroite relation avec la mise en marché elle-même. Ô recherche expérimentale, que de budgets on commet en ton nom!

Enfin, le débat de société sur le juste prix des médicaments n'aura pas eu lieu, justement parce que nous vivons dans une société surmédicalisée, cherchant à tout prix à échapper à la maladie sous toutes ses formes, mettant tous ses espoirs dans des médicaments miraculeux dont la découverte n'est qu'une question de temps et d'argent, et déléguant à des sorciers de la recherche scientifique le devoir de lutter contre la douleur et la mort. Car la santé, on nous l'a assez dit, n'a pas de prix, et si la maladie a un prix, qui est celui de la pilule, nous sommes disposés à le payer jusqu'au moment où nous n'en aurons plus les moyens. Pourvu que le Valium demeure à la portée de tout le monde.

Le corps

La frivolité de la carte génétique

Les techniques nouvelles de reproduction, auxquelles on pourrait donner le nom de «procréation assistée par cellules sexuelles interposées», continuent de susciter d'étranges retombées. Il paraît que le Conseil du Statut de la Femme, inquiet de voir les futurs enfants manquer de racines, veut militer en faveur de la carte d'identité génétique, carte qui leur sera fournie à l'âge de la majorité. Je ne sais s'il faut admirer davantage l'originalité de cette prise de position ou sa cocasserie. Car enfin, la carte génétique, la vraie, n'existe pas. Cette carte, pour la première fois, donnerait la liste et le numéro d'ordre des dizaines de milliers de gènes qui composent chacune des cellules de l'individu humain.

Depuis le temps que je vois réclamer comme étant des droits fondamentaux ce qui était avant-hier des privilèges et hier de simples désirs, parfois à la limite du caprice, je ne m'étonne pas qu'on réclame le droit à la carte génétique mais je serais plus heureux si on attendait qu'elle existe.

À moins qu'on veuille parler d'une carte qui fournirait à l'enfant majeur le nom et l'état civil de ses père et mère et, éventuellement — pourquoi pas? —, de ses grands-parents. Pourquoi ne pas remonter plus loin, comme le font ceux qui investissent des sommes rondelettes pour obtenir leur arbre généalogique? Où s'arrête, dans la recherche des générations antérieures, la souffrance de celui qui manque de racines?

Au Québec, dans les années quarante, où beaucoup d'enfants naturels (on disait: illégitimes) étaient offerts en adoption, on affirmait souvent aux futurs parents adoptifs, afin de les rassurer sur l'intégrité future de l'enfant, que le père inconnu était en réalité un brillant officier de l'Armée canadienne ou, mieux encore, un valeureux pilote de chasse. Dira-t-on maintenant que le père vient d'une banque de sperme de première catégorie? C'est cela, le côté frivole de la carte génétique, qui serait en réalité une carte généalogique limitée aux géniteurs immédiats: le nom et l'identité de ces derniers ne fourniraient pas une assurance apaisante à ceux qui souffriraient de «manque d'enracinement». Il n'y a, somme toute, aucune gloire ni aucune honte à tirer de son patrimoine génétique...

À ce sujet, souffrez que je vous raconte une petite anecdote personnelle. J'ai récemment reçu par la poste un extrait d'une revue scientifique américaine où il est question d'un certain Édouard Seguin, médecin français du XIXe siècle, émigré aux États-Unis en 1860, et qui a consacré sa vie à propager l'usage du thermomètre comme instrument de mesure de la fièvre, en particulier chez les enfants. Je ne me suis pas senti tiré par les racines, pas plus que je ne l'avais été, quelques années auparavant, en lisant dans le grand dictionnaire Larousse le nom de l'ingénieur français Marc Seguin, lui aussi du XIXe siècle, inventeur de la chaudière à vapeur tubulaire. Je ne reconnais, dans mon patrimoine génétique, ni la passion des thermomètres, ni le goût des chaudières tubulaires, ni même celui des chaudières tout court. Bien plus, il y a une trentaine d'années, à Paris, une dame qui s'occupait de cinéma et qui avait, paraît-il, l'oeil exercé affirma sans rire que j'avais le regard sarrasin et qu'il y avait sûrement des Arabes parmi mes ancêtres. Je cédai quelques instants à la tentation d'imaginer l'un de mes lointains aïeux (la désinence «uin» est d'ailleurs arabe) partir à la tête de farouches Sarrasins à la conquête de l'Espagne puis envahir la France pour être arrêtés, en 732, par les troupes de Charles Martel, dans la région de Poitiers d'où viennent mes ancêtres paternels immédiats. Dans le brouhaha du siège, on peut très bien imaginer que les Arabes, qui faisaient de la procréation sans assistance, aient pu mêler des gènes sarrasins aux gènes poitevins, ce qui expliquerait l'observation de la dame qui s'occupait de cinéma.

Oublions les généalogies et les cartes d'identité génétique puisque, de toute façon, c'est en soi-même qu'il faut trouver ses racines, à moins de se complaire dans des fantasmes que les documents officiels n'aboliront jamais. À ce sujet, je préfère de beaucoup la réplique d'un personnage dans une pièce de boulevard qui connut un certain succès au cours des années cinquante. À une dame un peu snob qui lui disait: «Monsieur, n'oubliez pas que ma famille remonte au XIIIe siècle!», il répondit: «Moi aussi, madame, j'avais des ancêtres au XIIIe siècle.»

Le commutateur du sexe

Pour toute une génération de scientifiques, la question de la détermination du sexe, au moment de la conception, comportait une réponse «sphérique», c'est-à-dire sans bavure. Au nombre des quarante-huit chromosomes, plus tard réduits à quarante-six, on avait identifié, en 1923, deux chromosomes sexuels: le chromosome X, fourni par l'ovule ou par la moitié des spermatozoïdes, et le chromosome Y, fourni par l'autre moitié des spermatozoïdes. Si l'oeuf fécondé portait deux chromosomes X (formule XX), le futur individu était de sexe féminin; il était de sexe masculin si la formule était XY. Dans les cours que je donnais à cette époque des années quarante, confondant volontiers la chimère et la réalité, je répétais que ce qui est simple devrait être vrai et que ce qui est vrai devrait être simple. J'ai appris depuis qu'il n'y a de simples que les apparences.

Dans le cas de la détermination du sexe, la formule selon laquelle XY égale mâle et XX correspond à femelle n'était vraie que pour l'homme et les autres mammifères. Pour les invertébrés, c'était le chromosome X qui produisait le mâle et le chromosome Y la femelle. On aurait pu s'en accommoder; mais de nouvelles surprises nous attendaient. Il existe, en proportion très rare (un individu sur environ vingt mille), des personnes qui possèdent la formule XX, donc femelles, et dont le développement masculin est apparemment normal, sauf qu'elles sont stériles. Ce sont des «inversés sexuels», tout comme les femmes à formule XY, donc mâles, dont l'absence de féminité ne se traduit que par le développement atrophique des seins et par l'absence de menstruation.

C'est par cette brèche qu'a pénétré dans le jardin des chromosomes le chercheur américain de Cambridge, David Page. (Il surnomme d'ailleurs son laboratoire «la basse-cour des XY».) Page vient de découvrir ce qu'on appelle maintenant «le commutateur du sexe», c'est-à-dire le gène ou la portion de chromosome qui joue un rôle déterminant dans l'orientation masculine ou féminine de l'individu. Même si cela constitue un pari, essayons de résumer l'essentiel de sa démarche, histoire de comprendre où cela nous mène.

Connaissant le rôle essentiel du chromosome Y dans l'orientation masculine chez l'être humain, Page avait émis l'hypothèse qu'il existait quelque part sur ce chromosome un gène déterminant qui ne s'exprimait qu'après la conception. En effet, l'examen microscopique de l'embryon humain ne révèle aucune différence sexuelle, même pas dans ce qui deviendra plus tard des testicules ou des ovaires; les ébauches sont identiques; ce n'est qu'entre la sixième et la septième semaine que, probablement sous l'influence du fameux gène commutateur, se déclenchent les synthèses métaboliques (surtout des protéines) qui vont transformer l'ébauche en testicule (si le gène est présent) ou en ovaire (si le gène est absent).

Les sujets mâles inversés (à formule XX) ont fourni à Page le matériel de choix. Partant de l'hypothèse que ces XX devaient avoir acquis par accident un fragment de chromosome Y, sans quoi ils seraient devenus des individus femelles, Page a entrepris de rechercher les fragments de chromosome Y chez ces individus. Sans entrer dans des détails fastidieux, mentionnons que la technique utilisée, désormais classique, consiste à recourir à ce qu'on appelle des sondes génétiques, c'est-à-dire des fragments d'A.D.N. de composition connue qui se fixent électivement sur des séquences chromosomiques complémentaires, ce qui permet de les isoler et de déterminer leur position le long de la longue chaîne de nucléotides qui constitue un chromosome. Ainsi, Page a pu identifier, l'an dernier, le gène du chromosome Y qui déclenche le processus de masculinité, le gène commutateur du sexe.

Évidemment, la réalité est autrement plus complexe. Par exemple, le chromosome X, jugé inactif jusqu'à maintenant, contient une réplique du gène commutateur, réplique neutre ou peut-être antagoniste. La féminité et la masculinité deviendraient alors une question d'équilibre dynamique entre les deux gènes, ce qui est une façon de dire qu'il faudrait envisager une gradation continue entre la masculinité pure et la féminité intégrale.

Ces travaux de Page ont une importance capitale, non seulement parce qu'ils permettent d'éclairer le grand mystère de la différentation sexuelle chez l'homme et chez les autres mammifères étudiés, mais surtout parce qu'ils remettent en question notre distinction simpliste entre le caractère féminin et le caractère masculin.

Admettre que chacun d'entre nous possède, en proportions variables selon les individus, des composantes masculines mêlées à des composantes féminines, cela sonnerait peut-être enfin le glas des machos survivants du Néanderthal et des féministes pures et dures. Plus encore, ce pourrait être l'aube d'un nouvel humanisme nuancé, attentif à la riche diversité de l'espèce humaine.

Le développement du cerveau

Lorsque, de temps en temps, on essaie de jeter un coup d'oeil d'ensemble sur la production scientifique afin d'en dégager des tendances intéressantes, on est frappé de constater que la recherche, en dépit des apparences, ne se présente pas comme une courbe de croissance continue, mais qu'elle procède par bonds et par sauts, selon les caprices de la mode et selon les intérêts des chercheurs. C'est ainsi, par exemple, pour nous en tenir au domaine biologique, qu'il y a des années où tout ce monde semble se précipiter sur la génétique, ou sur les maladies transmises sexuellement, ou sur la toxicité des pesticides dans l'environnement. C'est une tendance fort compréhensible que de sacrifier à la mode du temps, même en recherche; son principal désavantage est de laisser dans l'ombre de vastes régions du savoir qui mériteraient d'être mieux explorées.

Une autre tendance, fort répandue, consiste à choisir des sujets dont l'étude peut se faire rapidement, conduisant à une publication hâtive, au lieu d'y consacrer, peut-être en vain, plusieurs années de sa carrière. C'est ainsi que les domaines de connaissance qui font intervenir l'influence du temps, en particulier sur la croissance et sur le développement, et qui par conséquent ne peuvent pas se résoudre en quelques mois de travail, attirent rarement les chercheurs qualifiés. Il faut donc saluer ceux qui ont le courage et la patience de le faire, d'autant plus que le temps, qui devrait être la préoccupation centrale de la recherche biologique, comme il l'a été en physique avec Einstein, demeure encore la grande inconnue.

Sait-on, par exemple, qu'en ce qui concerne le développement du cerveau humain depuis la naissance jusqu'à l'âge adulte, deux questions fondamentales demeuraient encore sans réponse? La première de ces questions consiste à savoir si l'hémisphère cérébral droit et l'hémisphère gauche se développent au même rythme; la seconde, encore plus troublante, consiste à savoir si le cerveau présente un développement continu, régulier, ou s'il procède par soubresauts, avec des phases d'activité intense entrecoupées de périodes de repos.

Plutôt que de nous étonner que ces questions soient demeurées en suspens, admirons qu'une équipe de chercheurs américains ait pris la décision d'essayer de leur fournir une réponse, fût-elle préliminaire.

Le développement du cerveau humain ne peut évidemment être l'objet d'une expérimentation directe, avec prélèvement d'échantillons. On peut néanmoins le mesurer indirectement en observant son activité électrique par le moyen de l'électro-encéphalogramme. Resterait l'obstacle du temps, car on peut difficilement imaginer que l'on étudie un sujet ou un groupe de sujets depuis la tendre enfance jusqu'à l'âge de vingt-cinq ans environ. Aucun volontaire ne donnerait son consentement pour une recherche d'un quart de siècle et, de toute façon, aucune subvention de recherche ne serait disponible pour une telle aventure.

Les chercheurs américains ont contourné cette difficulté en constituant un échantillon de cinq cent soixante-dix-sept sujets, normaux selon les critères habituels, dont l'âge variait de un an à vingt-six ans, et dont l'activité électro-cérébrale a été étudiée soigneusement, afin de voir si les caractères de cette activité cérébrale se manifestaient de façon régulière au cours de la croissance ou s'ils présentaient des poussées de développement, des sortes de pics.

Les résultats obtenus sont saisissants. Ils montrent, contrairement à l'idée qu'on se fait généralement de la croissance et du développement, que ce développement est discontinu, qu'il n'intéresse pas toutes les parties du cerveau en même temps, et que certaines structures de l'hémisphère droit et de l'hémisphère gauche se développent à des rythmes différents et à des âges différents. Ce qui est encore plus intéressant, c'est que les vallées et les pics du développement cérébral discontinu épousent de près les phases décrites antérieurement par Jean Piaget dans ses observations célèbres sur l'activité spontanée des enfants.

Je parie qu'on trouverait les mêmes discontinuités dans la croissance physique des enfants, si on prenait la peine de la mesurer individuellement, plutôt que de se fier aux courbes statistiques. Car les courbes statistiques ont le défaut de jeter un voile d'uniformité sur l'individu. Elles sont commodes, mais elles sont loin d'épuiser la richesse individuelle du réel.

Les jumeaux comme cobayes

Les gens de ma génération ont longtemps eu les dents agacées par une controverse relative au développement psychologique et moteur des enfants. Quelles sont les influences les plus déterminantes sur l'enfant? Celles qui tiennent de l'hérédité ou celles qui résultent des stimulations fournies par le milieu immédiat? La plupart des parents qui élèvent des enfants et qui prennent le temps de les observer conviennent aujourd'hui que les enfants en bas âge ont d'autant plus de chances de se développer et de s'épanouir qu'ils trouvent dans leur entourage familial des stimulations visuelles, auditives, gestuelles plus nombreuses. En mots plus simples, les enfants dont on s'occupe sont plus favorisés que ceux qui sont laissés dans leur coin.

Cette conclusion familière est loin de faire l'unanimité des spécialistes de la psychologie expérimentale du développement, dont certains adhèrent encore au dogme toutpuissant de l'influence déterminante du bagage génétique, quelles que soient les conditions de l'apprentissage. C'est l'éternelle question des influences respectives de l'inné et de l'acquis, que l'on a crue résolue au cours des années trente, et dont la théorie de la prépondérance de l'inné se retrouve encore dans des manuels de psychologie infantile publiés par des universitaires américains en 1978 et en 1980, et qui sont encore en usage.

On serait surpris d'apprendre l'origine historique des preuves expérimentales sur lesquelles se fonde encore la théorie de la prépondérance de l'inné. On serait porté à imaginer que des études comparatives ont été effectuées sur des jumeaux identiques, les uns privés de stimulation psychologique et servant de témoins, les autres élevés dans une ambiance favorable, de façon à vérifier comment des individus possédant le même bagage génétique voient leur développement influencé par des milieux différents. Même à ce compte, on pourrait contester la moralité de pareilles expériences sur des sujets humains dont on place délibérément certains dans des conditions défavorables, mais la question, pour l'instant, n'est pas là. Elle est dans la pauvreté du matériel expérimental sur lequel reposent des conclusions acceptées aveuglément par des générations de psychologues expérimentaux.

En effet, les bases scientifiques de la prépondérance de l'inné se résument à deux expériences effectuées indépendamment au cours des années trente. La première a été faite sur deux jumeaux fraternels de sexe féminin, fraternels mais non identiques, cédés dès l'âge de trente-six jours par leur mère, une femme indigente de Baltimore, et observés pendant treize mois d'affilée par deux psychologues qui les ont logés chez eux, dans une chambre à part. Ils ont été gardés chacun dans leur berceau, sans communication visuelle de l'un à l'autre, tenus la plupart du temps sur le dos, privés de tout jouet jusqu'à l'âge de onze mois; devant eux, les psychologues s'abstenaient de tout sourire, de toute manifestation émotive, de toute caresse. Après treize mois de ce traitement, les psychologues affirmaient que les deux jumelles ne différaient pas, dans leur développement, d'un groupe de quarante enfants du même âge considérés comme témoins.

Pourtant, une lecture attentive de l'article révèle que l'une des deux jumelles n'a appris à se lever et à marcher sans aide qu'à l'âge de deux ans et qu'elle présentait, à six ans, une paralysie partielle du côté gauche et un retard psychomoteur que les psychologues ont attribué à une déficience organique. Voici le bouquet, que j'ai gardé pour la bonne bouche: les deux sujets ne sont pas retournés chez leur mère mais ont vécu dans des institutions; pendant les quarante années qui suivirent, les psychologues n'ont plus jamais commenté leur développement.

L'expérience, dite classique, est du même ordre, et concerne deux jumeaux présumément identiques et qui se sont révélés ne pas l'être. L'un d'eux a été élevé dans un environnement restreint et l'autre soumis à un apprentissage normal. Mais les deux sujets, venant d'une famille pauvre de Brooklyn, ont été gardés dans le laboratoire où travaillait la psychologue McGraw. À la fin de la période d'observation, l'enfant gardé en milieu appauvri a été entraîné afin de voir s'il pouvait rattraper son frère. McGraw, qui est encore vivante à quatre-vingt-huit ans, se rappelle avoir insisté à l'époque sur le fait que les deux enfants n'avaient jamais atteint le même niveau de développement, alors que les commentateurs subséquents ont tiré de l'expérience la preuve que l'absence de stimulation en bas âge n'entraînait pas de différence sensible dans le développement. Et McGraw d'ajouter: «Je crois que les gens comprennent ce qu'ils veulent bien comprendre.»

C'est ainsi que sur la foi de deux petites expériences mal conçues, sur des individus qui devaient être identiques mais qui ne l'étaient pas, s'est accréditée la thèse que le bagage génétique était prépondérant dans le développement psychologique et que le rôle de l'environnement devait être tenu pour négligeable.

Heureusement, cette thèse n'a prévalu que dans l'atmosphère raréfiée de la psychologie de laboratoire; les parents attentifs savent que la stimulation est essentielle au développement de l'enfant. L'oublieraient-ils qu'ils n'auraient qu'à prendre exemple sur le comportement des mères dans le règne animal.

La maladie de Parkinson: un modèle inattendu

Les recherches expérimentales sur les maladies neurologiques, qui ne peuvent s'effectuer directement chez l'être humain pour des motifs évidents, se heurtent souvent à la difficulté de trouver un modèle animal, c'est-à-dire de reproduire chez un animal de laboratoire les lésions caractéristiques de la maladie. C'est pourtant la seule façon d'en étudier les mécanismes d'apparition et de déroulement ainsi que les possibilités de traitement. Dans le cas de la maladie de Parkinson, sur laquelle la recherche expérimentale était en veilleuse depuis plusieurs années, un événement fortuit est venu récemment fournir de nouvelles pistes aux chercheurs.

On a peut-être encore en mémoire la mésaventure de ce chimiste amateur de San Francisco qui avait entrepris, en 1983, de fabriquer et d'écouler sur le marché noir de l'héroïne synthétique, malheureusement contaminée par une substance identifiée depuis comme étant le M.P.T.P. Les autorités médicales de la région avaient été alertées lorsque plusieurs des usagers clandestins, la plupart dans la trentaine, avaient présenté les symptômes caractéristiques du parkinsonisme, en particulier les tremblements et la rigidité musculaire caractéristiques de la maladie, bien que celle-ci ne frappe habituellement que des sujets plus âgés. L'autopsie de ceux qui avaient succombé au M.P.T.P. révélait la présence de lésions caractéristiques de la maladie de Parkinson, surtout au niveau de la substance noire du tronc cérébral.

Alertés par cette découverte fortuite, des chercheurs américains et européens essayèrent de reproduire la maladie de Parkinson chez la souris et le singe en leur administrant du M.P.T.P. Les expériences se sont montrées jusqu'à présent très concluantes: le modèle animal du parkinsonisme obtenu par le M.P.T.P. reproduit fidèlement les symptômes et les lésions cérébrales observées chez l'homme. Ces travaux ouvrent la porte à l'étude de phénomènes jusqu'alors inaccessibles à l'expérimentation: mécanismes de destruction des neurones cibles, possibilités de régénération du tissu nerveux, influence de divers facteurs sur l'évolution de la pathologie, chirurgie correctrice des troubles moteurs et mise au point d'agents thérapeutiques plus efficaces.

Comme le M.P.T.P. est l'un des produits de dégradation de plusieurs composés hydrocarbonés complexes que l'on trouve dans l'environnement, il était normal que l'on vienne à considérer la maladie de Parkinson comme étant liée à certaines formes de pollution chimique. D'ailleurs, il y a quelques années, une étude épidémiologique du neurologue montréalais André Barbeau, disparu prématurément, avait montré qu'au Québec l'incidence du parkinsonisme était plus élevée dans les régions où la pollution par les hydrocarbures était la plus forte.

Dans cet ordre d'idées, il est intéressant de constater que l'un des constituants sanguins présents chez les fumeurs, la 4-phénylpyridine, semble exercer un effet inhibiteur sur le M.P.T.P. Cela rejoint la constatation antérieure à l'effet que les fumeurs sont moins sujets que les non-fumeurs à contracter la maladie de Parkinson. Comme quoi la réalité scientifique offre plus de nuances que la vision en blanc et noir...

L'intérêt supplémentaire des études sur le modèle animal, effectuées sur des sujets d'âges différents, a été de montrer que les animaux âgés étaient plus sensibles que les jeunes aux effets du M.P.T.P., ce qui est en accord avec la faible prévalence du parkinsonisme chez les individus de moins de cinquante ans, et ce qui laisse soupçonner également l'intervention d'un facteur toxique cumulatif.

Les essais thérapeutiques présentés jusqu'ici sont encore trop préliminaires pour laisser entrevoir une application clinique à court terme. Les tentatives qui ont été faites de transplanter des fragments de tissu cérébral foetal pour remplacer celui de la substance noire posent des problèmes de stabilité de la greffe et, surtout, des problèmes d'éthique auxquels il faudra faire face lorsqu'il s'agira de prélever des échantillons de tissu foetal humain pour les greffer dans le cerveau de parkinsoniens. L'interruption de grossesse fournira-t-elle la banque de tissus de la future neurochirurgie? C'est un débat qui risque de dépasser en gravité celui de la fécondation artificielle sous ses formes les plus sophistiquées.

La maladie d'Alzheimer: une cause génétique?

La maladie d'Alzheimer est en train de devenir la terreur de l'âge d'or. Cette forme de sénilité accélérée, qui prive la victime de sa mémoire et de sa raison, et dont la course est irréversible, apparaît davantage comme un châtiment que comme une maladie, sans compter le fardeau qu'elle impose aux proches du malade, eux-mêmes frappés d'une sorte d'opprobre par association. Le nom d'Alzheimer, donné en mémoire de celui qui identifia la maladie en 1906, possède une connotation menaçante, pour des motifs qui tiennent plus de la magie que de l'esprit critique; les Allemands, dans la science, ont encore mauvaise presse. On en vient presque à regretter le temps où l'on parlait de ramollissement cérébral ou de sénilité précoce, où l'on disait que les vieillards retombaient en enfance.

Car tel est le pouvoir des mots, ce qui nous conduirait à parler de la terreur qu'engendre le mot «héréditaire». Sur la foi de publications scientifiques récentes, la presse populaire a en effet annoncé que des chercheurs avaient identifié le gène responsable de la maladie d'Alzheimer mais que l'on ne disposait encore d'aucun moyen de prévenir ou de guérir cette maladie génétique. Plusieurs lecteurs en ont sans doute conclu que, si leur père ou leur mère souffrait de la maladie d'Alzheimer, ils étaient eux-mêmes des candidats à plus ou moins long terme.

Au nom de la communication scientifique de bonne qualité, surtout lorsque de fortes émotions sont en jeu, il faut se méfier de l'inflation verbale. S'il est vrai que le vieil âge s'accompagne inévitablement, sauf de rares exceptions, d'une certaine détérioration du fonctionnement physique et mental que l'on qualifie de sénilité, la forme rapide d'affaissement des facultés ne frappe qu'environ quatre personnes sur mille. Encore ne s'agit-il là que d'une estimation hasardeuse car, dans l'état actuel des connaissances, le diagnostic précis d'un cas d'Alzheimer ne peut être posé qu'à l'autopsie. Il est néanmoins raisonnable de croire à la présence d'Alzheimer lorsque des gens âgés se mettent à perdre rapidement, en quelques années, la maîtrise de leur mémoire et de leur raison.

Pourquoi, dans ces conditions, annoncer la découverte d'une cause génétique à la maladie d'Alzheimer? C'est une histoire qu'il vaut la peine de résumer. On soupçonnait quelques cas d'Alzheimer d'être héréditaires. Après des recherches intenses, une équipe internationale de chercheurs allemands et américains a réussi à identifier quatre familles (je dis bien quatre) où la maladie semble se transmettre des parents aux enfants. Dans ces cas, et dans ces cas seulement qui sont une goutte d'eau dans l'océan, l'analyse par sondes génétiques a permis de déceler une anomalie localisée quelque part sur le chromosome 21, le même chromosome dont la duplication est à l'origine de la maladie de Down, mieux connue sous le nom de mongolisme. La position exacte du gène en cause dans l'Alzheimer héréditaire n'est pas connue: il y a dans cette région environ cinq cents gènes qui pourraient être candidats.

D'autres chercheurs, travaillant de façon indépendante, viennent de trouver, dans une région voisine sur le chromosome 21, un autre gène responsable de l'apparition, dans les cellules cérébrales, d'une molécule appelée «amyloïde bêta», que l'on trouve dans le cerveau de certains cas d'Alzheimer aussi bien que chez les mongoliens âgés et même chez de vieux animaux tels que l'ours polaire, l'orang-outang et le chien. Ce n'est donc pas spécifique à l'Alzheimer, considéré jusqu'à maintenant comme une maladie humaine. Quant à la découverte dont je faisais état plus haut, il faut savoir la replacer dans son contexte. Si l'on réussit à trouver quatre familles dans lesquelles la maladie d'Alzheimer semble s'être transmise aux enfants, il n'est pas étonnant de conclure à un caractère héréditaire. La réponse était contenue dans le choix de l'échantillon. Tout au plus peut-on affirmer qu'il existe une forme extrêmement rare de la maladie d'Alzheimer qui présente un caractère héréditaire, avec anomalie décelable quelque part sur le chromosome 21. Quant au voisinage du gène responsable de la présence de l'amyloïde, il s'agit vraisemblablement, de l'aveu même de l'un des chercheurs, d'une simple coïncidence. Ce qui n'a pas empêché l'un d'entre eux de suggérer que l'on utilise, comme modèle animal pour l'étude de certains aspects de la maladie d'Alzheimer, des ours polaires du troisième âge ou quelque chose du genre. Je lui souhaite beaucoup de bonheur...

La nouvelle révolution psychiatrique

Avec le recul du temps, il nous apparaît aujourd'hui que la grande querelle qui divisa la psychiatrie tout au long du XIXe siècle et durant la plus grande partie du siècle actuel reposait sur la faiblesse des instruments d'observation et de mesure. Le XIXe siècle, rappelons-le, qui contribua à l'établissement et au triomphe de l'anatomie pathologique, c'est-à-dire à l'identification des maladies par l'observation de lésions caractéristiques visibles au niveau de la cellule, se fondait presque uniquement sur l'observation des tissus au microscope optique. On en vint naturellement à considérer que ce qui n'était pas visible au microscope n'avait pas d'existence réelle. Or, dans le domaine des maladies mentales, à part la découverte par Bayle de lésions caractéristiques dans la paralysie générale, lésions provoquées, on le sait maintenant, par la syphilis, l'examen microscopique du cerveau dans la très grande majorité des maladies mentales, qu'il s'agisse de la schizophrénie, de la maladie bipolaire ou de la paranoïa, ne révélait aucune anomalie microscopique. C'est ainsi qu'on en vint à postuler que les maladies mentales les plus courantes ne présentaient aucun support organique, qu'elles étaient des «maladies de l'âme» sans racines biologiques. D'un côté les organicistes qui s'épuisaient à chercher des lésions au moyen du microscope, de l'autre les psychogénistes, à qui Freud vint apporter son concours, et qui niaient l'existence de troubles organiques.

À la vérité, la faute en était à l'instrumentation, dont on espérait plus qu'elle ne pouvait donner. Depuis une quinzaine d'années, grâce à l'introduction de mesures plus sophistiquées, la situation est renversée du tout au tout et personne ne doute que les maladies mentales soient le reflet de perturbations au niveau des neurones, des synapses et des neurotransmetteurs. Ainsi a pris naissance la nouvelle révolution psychiatrique dont les premiers résultats, encore fragmentaires, autorisent les plus grands espoirs.

Ces nouvelles techniques d'examen du cerveau, dont je me contenterai de donner ici une esquisse, peuvent être groupées sous le nom «d'imagerie cérébrale» ou de tomographie. Elles possèdent en commun l'avantage de s'appliquer au cerveau vivant, intact, sans qu'il soit nécessaire de recourir à l'autopsie, et sans que l'organe en soit le moindrement altéré. Elles permettent de visualiser en profondeur le cerveau, soit pour en montrer la structure fine, soit pour en faire apparaître le fonctionnement, comme, par exemple, les perturbations de la circulation intracrânienne. Ainsi, on a découvert que, chez les schizophrènes, les ventricules cérébraux étaient élargis aux dépens de la masse neurale, ce qui peut expliquer les perturbations des fonctions cérébrales. Ces études sont maintenant fortement documentées et font partie de la nouvelle compréhension que nous avons de la schizophrénie, ce qui ne veut pas dire pour autant que nous ayons les moyens de la prévenir ou de la combattre. Mais c'est un pas de plus sur le chemin de la connaissance.

Des raffinements encore plus récents de ces techniques d'imagerie cérébrale ont été utilisés dans le cas des névroses, où l'on observe une hyperactivité dans une région déterminée de l'hémisphère droit; d'autres sont maintenant applicables à l'étude directe des neurotransmetteurs, en particulier de la dopamine, dont l'importance dans la schizophrénie ne fait plus aucun doute. On espère pouvoir bientôt mesurer leur concentration dans le cerveau, plutôt que de se fier à la détermination moins précise de leur concentration dans le sang.

Parallèlement à cette nouvelle révolution psychiatrique, on pourrait évoquer, si l'espace nous le permettait, tout l'aspect génétique des maladies mentales, avec l'identification des gènes mis en cause dans le mongolisme ou dans la psychose maniaco-dépressive. Mais cela est un autre chapitre de la lutte passionnante qui se livre sur le front des maladies mentales.

Ces recherches, à mesure qu'elles nous font mieux comprendre les maladies de l'âme, qui ressemblent de plus en plus à des maladies métaboliques, devraient éliminer à jamais l'opprobre qui s'attache encore, dans trop de milieux, à des afflictions que l'on attribue à quelque châtiment divin.

Le pas
de Gamelin

L'éditeur Victor-Lévy Beaulieu a publié, à titre posthume, des écrits du docteur Jacques Ferron, intitulés *La Conférence inachevée*. Si vous cherchez une lecture de réflexion sur la condition des malades mentaux, courez vite acheter cet ouvrage. La première partie du livre de Ferron porte en sous-titre: «Le pas (c'est-à-dire le seuil) de Gamelin» et rassemble des textes inspirés à l'auteur-médecin, disparu il y a deux ans, par le séjour qu'il effectua chez les femmes internées dans ce qui était alors l'hôpital Saint-Jean-de-Dieu.

L'oeuvre du docteur Ferron, marginale en littérature autant qu'en médecine, a été suivie fidèlement par quelques milliers de lecteurs inconditionnels. Il n'a retiré de l'une et de l'autre ni la considération officielle ni les honneurs auxquels d'ailleurs son humeur détachée et son désir d'obscurité ne se seraient guère prêtés. Médecin généraliste, il a choisi de travailler auprès des pauvres et des déshérités, dans la banlieue prolétarienne de ce qui était autrefois Ville-Jacques-Cartier, puis dans les rangs perdus entre Saint-Marc et Saint-Amable, et chez les malades classés comme fous, au Mont-Providence et à Saint-Jean-de-Dieu.

Omnipraticien chez des psychiatres passés de mode depuis longtemps, au milieu de malades encadrés par des infirmiers et par un contingent de soeurs hospitalières, Jacques Ferron pouvait offrir à son ironie naturelle teintée

135

de compassion un singulier poste d'observation; Dieu sait qu'il en a profité. Non qu'il se livre à une vaste synthèse où l'on trouverait, devant le décor sociologique et médical de 1970, un tableau détaillé des conditions d'admission des malades mentaux, des circonstances de leur traitement et de la pensée psychiatrique qui prévalait à l'époque. Ennemi des grandes fresques destinées à prouver la supériorité de leur auteur, Jacques Ferron procède plutôt par petites touches; ce que le lecteur perd en vue panoramique, il le gagne en détails révélateurs d'une mentalité incroyable.

À travers une brochette de cas individuels, décrits avec ce mélange d'humour et d'humanité caractéristique de Jacques Ferron, on comprend ce que c'était que d'être enfermé, parfois par erreur, dans un établissement peuplé comme un gigantesque hôpital mais conçu comme une prison, ce qui instaurait une confusion permanente entre la maladie et la punition. La thérapeutique elle-même, c'est-à-dire l'électrochoc, était distribuée à titre punitif, et «publiquement», aux malades qui manquaient de docilité dans les salles, ou à ceux dont les parents téléphonaient aux médecins de l'hôpital pour se plaindre de la lenteur des soins. On apprend aussi comment les policiers se déguisaient volontiers en agents recruteurs, surtout lorsqu'ils avaient affaire à des prostituées d'origine modeste et de faible quotient intellectuel. On conçoit facilement que celles, nombreuses, qui avaient renoncé à lutter et qui sombraient irréversiblement dans la démence aient eu comme seul but celui de s'évader. L'évasion était d'ailleurs relativement facile, mais le retour était assuré, car ces pauvres femmes ne pouvaient guère trouver à l'extérieur d'autre recours que celui de la prostitution, ce qui les ramenait entre les bras ouverts des policiers.

Lecture de vacances, ai-je dit, car la plume de Ferron est alerte et les autres récits qui accompagnent *La Conférence inachevée* sont juteux comme l'ensemble de son oeuvre. Lecture de réflexion également, car on se demande naturellement si la situation psychiatrique qu'il décrivait en 1970 s'est améliorée en 1987.

Ce que je puis dire, ayant travaillé dans cet hôpital de 1948 à 1954, c'est que ce que j'y ai vu ressemblait étrangement à ce qu'a observé Jacques Ferron en 1970. Si rien n'a bougé en vingt ans, je serais étonné que dix-sept ans de plus aient changé quoi que soit au sort des malades mentaux, dont la situation demeure d'autant plus tragique qu'elle ne semble devoir bénéficier d'aucune solution administrative, du genre de celles qu'on nous annonce régulièrement. J'espère seulement qu'on ne vit plus de scènes comme celle dont j'ai été témoin en 1952, alors que je siégeais par faveur, mais sans voix au chapitre, au sein de l'auguste bureau médical chargé de coller un diagnostic au front des malades nouvellement internés, un diagnostic à trois chiffres, assortis parfois d'une décimale pour faire plus scientifique.

Ce jour-là comparaissait un malade sans signes particuliers, vêtu de l'uniforme que les bonnes soeurs, chichement subventionnées, cousaient à même des poches de farine. Visiblement impressionné par la douzaine de spécialistes en sarrau blanc impeccable, il s'efforçait de répondre sans trouble aux questions rituelles: son nom, son âge, le jour de la semaine, le mois de l'année, l'endroit où il se trouvait, bref, le chapelet des interrogatoires officiels.

Plus il parlait, moins il avait l'air d'un aliéné ou d'un fou. Je m'en ouvris discrètement à mon voisin de gauche, vieux psychiatre qui en avait vu bien d'autres. Il le répéta à haute voix en l'absence du malade, au moment où s'amorçait la décision diagnostique. Le psychiatre qui présidait la réunion lui répliqua fermement: «Il faut bien qu'il soit malade, puisqu'il est enfermé ici!» Là-dessus, il lui colla un diagnostic digne de Kafka: «Monsieur Untel, psychose de nature indéterminée.»

Le pauvre homme était retourné dans sa salle. C'était, je vous l'ai dit, en 1952. Il y est sans doute encore.

Le cancer

Les cancers
potentiels

La démarche de la science expérimentale est une des aventures culturelles les plus exaltantes que l'on puisse imaginer. Échafauder une hypothèse à partir d'observations nouvelles et soigneusement établies, soumettre cette hypothèse à la vérification patiente et soigneuse grâce à des observations provoquées, c'est-à-dire des expériences, en tirer des conclusions qui infirment ou qui confirment l'hypothèse initiale et, dans le cas d'une confirmation, avoir le sentiment d'avoir jeté un peu de lumière sur un coin jusqu'alors obscur de la réalité physique ou biologique, c'est un travail minutieux, plein d'embûches, qui trouve son aboutissement dans la communication du résultat scientifique.

Dans le cas de la recherche biomédicale, le chercheur, en plus de la satisfaction que lui procure sa démarche même, est motivé par l'espoir que sa découverte rendra service à ceux à qui elle est divulguée, soit en les prévenant d'un danger pour leur santé, soit en leur offrant des possibilités de guérison. D'où l'importance de n'offrir au public que des conclusions soigneusement étayées par des faits et par des déductions qui résistent à l'analyse critique.

La plupart des chercheurs, malheureusement, estiment que les profanes sont incapables de saisir les subtilités de leur démarche et se contentent de livrer le résultat, encourageant ou alarmant, de leurs travaux, sans prendre la peine d'expliquer comment ils s'y sont pris pour aboutir à leurs conclusions. Il en résulte un déluge d'informations, alimenté parfois par le désir de mousser une carrière ou d'obtenir des subventions, un déluge au sein duquel les consommateurs de la recherche — vous et moi — ne savent plus à quelle molécule se vouer.

Prenons le cas des substances cancérigènes, puisque c'est dans ce domaine que sont engendrées les craintes les plus vives et les espérances les plus vaines. Il y a une dizaine d'années, lorsque le spectre de la pollution avait revêtu ses oripeaux moléculaires aux noms terrifiants, on prédisait de toutes parts une épidémie de nouveaux cancers à cause de l'accumulation dans l'environnement de substances cancérigènes. Les plus prudents parlaient de substances «potentiellement» cancérigènes. Le grand public ne faisait pas la distinction, convaincu que ce qui est potentiel devient réel si l'on attend assez longtemps. Surtout, personne parmi les chercheurs n'avait pris la peine d'expliquer aux non-initiés comment on s'y prenait, «par les méthodes expérimentales», pour arriver à la conclusion qu'une substance était potentiellement cancérigène, et ce que cela signifiait dans la vie de tous les jours.

Prenons la peine de démonter ce mécanisme expérimental. L'expérimentation humaine étant évidemment exclue, on a recours à des animaux de laboratoire, surtout des souris et des rats. Dans un premier temps, on administre aux animaux la substance suspecte, dans leur nourriture ou par gavage ou par inhalation, en ayant recours à des doses massives, afin de voir s'il n'y a pas, au bout de deux semaines, une perte de poids décelable mais tolérable. Par la suite, avec des doses encore supérieures à celles auxquelles des humains pourraient être exposés, on administre la substance suspecte pendant toute la vie de l'animal, c'est-à-dire deux ou trois ans. Dans la plupart des cas, les animaux choisis ont été des souris génétiquement déficientes qui présentaient spontanément, en l'absence de tout produit nocif, des tumeurs primaires du foie. Si l'administration prolongée et massive de la substance suspecte provoquait une augmentation relative des tumeurs hépatiques par rapport aux souris témoins, on concluait que la substance était potentiellement cancérigène chez l'homme.

Ce n'était pas une conclusion étanche, c'était une mise en garde contre un danger éventuel; il n'y avait pas de quoi alerter les populations et les populations n'auraient pas été alertées si on leur avait fourni les détails, si on leur avait dit, au surplus, que les tumeurs hépatiques chez l'homme sont extrêmement rares, sauf en cas d'hépatite ou d'alcoolisme, et que leur incidence n'a cessé de diminuer au cours des années, en dépit de la pollution et des fameuses substances potentiellement cancérigènes. Dans ce cas précis, l'extrapolation de la souris à l'homme est plus de l'acrobatie que de la démarche scientifique prudente. Il est facile de comprendre maintenant pourquoi l'épouvantail d'une épidémie de cancers provoqués par la pollution, que l'on agitait il y a une dizaine d'années, ne s'est jamais matérialisé. Plusieurs chercheurs en mal de publicité, et plusieurs commentateurs scientifiques désireux de faire entendre leur voix dans le tumulte médiatique qui accompagne la recherche scientifique, ont tendance à confondre celle-ci avec un numéro de prestidigitation.

Je n'ai rien contre les magiciens: ils contribuent à l'émerveillement. Mais quand je les évoque, j'entends toujours la petite voix de la sagesse populaire américaine qui dit: *«It's fun to be fooled; it's more fun to know.»*

Les repentirs
du docteur Ames

Dans le domaine du cancer, le chercheur américain Bruce Ames est reconnu comme l'un des plus sérieux, des plus méthodiques, des plus acharnés. Sa réputation s'est établie, au cours des années, non sur l'audace de ses hypothèses ou sur l'imagination de ses protocoles expérimentaux, mais sur la précision de ses analyses en ce qui concerne les substances considérées comme étant cancérigènes, qu'elles soient d'origine naturelle comme les aflatoxines, ou synthétiques comme le dibromure d'éthylène.

Le docteur Ames s'est rendu célèbre, au cours des années soixante, en mettant au point un test qui porte son nom et qui repose sur l'hypothèse plausible que les carcinogènes sont également des mutagènes, c'est-à-dire qu'ils peuvent provoquer des mutations. Il s'agissait donc d'évaluer l'incidence des mutations chromosomiques chez des bactéries du genre Salmonelle (l'organisme choisi) cultivées dans un milieu additionné de substances soupçonnées d'être cancérigènes. Le test de Ames devint rapidement utilisé dans les laboratoires du monde entier, à l'époque où l'on commençait à s'inquiéter, puis à s'effaroucher, devant les risques posés à la santé par les divers polluants de l'environnement. La popularité et la simplicité du test de Ames en entraînèrent bientôt le discrédit, car on en était venu à inverser le raisonnement et à considérer comme virtuellement cancérigène tout ce qui était mutagène, ce qui était exactement le contraire de l'hypothèse de Ames.

Ce dernier se tourna alors vers des épreuves plus directes afin de mesurer le pouvoir cancérigène. L'expérimentation humaine étant évidemment exclue, sauf dans de rares études rétrospectives, Ames choisit des animaux de laboratoire tels que le rat et la souris. Depuis une quinzaine d'années, il a accumulé plus de trois mille cinq cents expériences comparatives sur environ trois cent soixante-cinq substances suspectes: un véritable travail de bénédictin. Dans une publication récente, Ames vient de faire la synthèse de ses travaux, en prenant soin de distinguer le vrai du faux et du probable, et en mettant l'accent sur les incertitudes. En ces temps de panique et de confusion, cela vaut la peine d'être souligné.

La première observation est tellement évidente qu'elle aurait dû sauter aux yeux de tout le monde. Ce n'est pas parce qu'une substance est appelée cancérigène qu'elle va nécessairement causer des tumeurs. Le mot «chien» — c'est Aristote, je crois, qui le faisait remarquer — n'a jamais mordu personne. Pour devenir cancérigène, une substance suspecte doit avoir été présente en concentration suffisante, pendant une période de temps suffisamment longue, dans un organisme vivant qui lui est particulièrement sensible, en présence d'une susceptibilité génétique particulière et en l'absence de défenses naturelles adéquates, de nature immunitaire ou autre. La mise en garde au sujet de la dose est particulièrement pertinente car la publicité qui entoure le cancer tend à faire croire aux gens qu'une substance dite cancérigène va nécessairement provoquer le cancer à la longue, même si la dose d'exposition est minime. Dans le climat de puritanisme et d'intolérance qui entoure aujourd'hui l'usage du tabac, il y aurait intérêt à méditer ces nuances.

À partir des critères déjà mentionnés, Ames a établi ce qu'on pourrait appeler un coefficient de nocivité qui permet de classer les substances suspectes en fonction du danger potentiel qu'elles représentent. Le principal avantage de ce coefficient serait d'éliminer du champ de nos inquiétudes les substances dont la nocivité est tellement faible qu'elle se confond avec celle des substances naturelles présentes dans notre alimentation et dans notre milieu de vie, et contre lesquelles nous ne pouvons rien. L'espace ne nous permet pas de nous livrer à cet exercice, qui nous montrerait, par exemple, que la nocivité des substances suspectes est dix millions de fois plus grande, ou plus petite, selon les cas, sans que le risque réel de cancer en soit affecté.

C'est à partir de ces principes que des puits souterrains qui alimentaient en eau potable les habitants de Silicon Valley, en Californie, ont été interdits parce qu'ils contenaient un peu de trichloréthylène, un mot qui fait peur. Notre eau potable, additionnée de chlore, est à peine quatre fois moins nocive, et celle de nos piscines, huit fois plus. Qui songerait à interdire le chlore, destructeur de la plupart des bactéries pathogènes? Dans cet ordre d'idées, la nocivité de l'air que l'on respire dans les maisons ordinaires est six cents fois plus grande que celle de l'eau potable, compte tenu de la quantité absorbée et du temps d'exposition.

On pourrait également faire état des zones d'incertitude mentionnées par Ames, en particulier en ce qui concerne les substances dites naturelles, dont certaines sont plus nocives que des substances synthétiques depuis longtemps décriées, ou encore la futilité de vouloir prédire les effets des substances suspectes présentes en petites quantités. Les âmes inquiètes, hélas, n'en seraient pas rassurées, car leur inquiétude s'alimente de chimères et les chimères se montrent sourdes à la voix du sens critique.

Les gènes
et le cancer

Ceux qui, depuis quelques années, suivent avec un minimum d'attention le dossier des recherches sur le cancer ont pu noter que les progrès accomplis — qui sont réels — étaient accompagnés d'une certaine hésitation. On avait mis l'accent sur l'étude in vitro des cellules cancéreuses dans l'espoir d'échapper à la complexité des organismes, pour s'apercevoir qu'on était passé à côté de la complexité du génome, c'est-à-dire de l'ensemble des molécules héréditaires de la cellule; par la suite, la découverte des oncogènes, des virus cancérigènes, avait ouvert la porte sur un mécanisme dont les travaux subséquents ont montré qu'il était moins simple qu'on l'avait cru. Il existe des virus oncogènes, bien sûr, mais ils n'épuisent pas la réalité du cancer: les uns semblent conférer une certaine immortalité aux futures cellules cancéreuses; les autres sont requis pour la production d'une tumeur primaire.

Plus récemment encore, on s'est aperçu que l'état des gènes cellulaires déterminait de quelle façon allaient agir les oncogènes. Ces derniers n'étaient donc pas le facteur déterminant dans cette théorie que l'on pourrait surnommer la théorie du «délit de fuite», selon laquelle les oncogènes s'introduisent dans le noyau cellulaire, en perturbent le fonctionnement et disparaissent après avoir initié le processus cancéreux. Ce que de plus en plus l'on admet maintenant, c'est que les cellules évoluent lentement vers la malignité par un processus étalé dans le temps et dont la phase cruciale s'appelle la «progression». Cette progression se manifeste par l'apparition de l'hétérogénéité des cellules au sein de la même masse tissulaire, et, plus tard, d'anomalies des chromosomes à l'intérieur de deux cellules voisines.

Pourquoi l'A.D.N. des cellules en voie de cancérisation est-il hétérogène par rapport à celui des cellules normales? Pourquoi, en d'autres mots, les séquences naturelles des nucléotides à l'intérieur de l'A.D.N. ont-elles été perturbées, et de quelle façon? La plupart des chercheurs admettent aujourd'hui que la réponse à ces questions permettrait d'élucider le rôle des gènes dans la transformation cancéreuse et, vraisemblablement, dans l'infiltration et dans l'apparition des métastases. Il s'agit de savoir comment on va s'y prendre!

Le professeur Renato Dulbecco semble le savoir. Il travaille à l'Institut Salk de Californie, il est lauréat du prix Nobel et il vient de proposer un plan d'attaque fort ambitieux. Selon Dulbecco, il faut revenir au point de départ, c'est-à-dire à la cellule, mais en tenant compte des nouvelles méthodes d'investigation biochimique mises au point depuis une dizaine d'années.

Il propose d'entreprendre la description détaillée de chacun des dizaines de milliers de gènes qui se trouvent dans chacune des espèces cellulaires de l'homme qui sont susceptibles de devenir cancéreuses, d'identifier les séquences de nucléotides à l'intérieur de ces gènes et d'étudier leur expression et leur régulation sous l'influence de différents agents au cours de la progression, plus spécifiquement de la transformation cancéreuse. Le professeur Dulbecco admet que cet effort est comparable, dans son envergure, à celui qui a mené à la conquête spatiale. Il propose donc une mobilisation internationale des spécialistes de la biologie moléculaire, afin de multiplier par cinquante l'arsenal technologique actuel. Moyennant quoi cette cartographie gigantesque de l'infiniment petit pourrait être complétée d'ici environ cinq ans.

Ce serait l'effort le plus considérable jamais entrepris pour connaître la structure et le fonctionnement des cellules humaines. Avec en prime, peut-être, la guérison du cancer. Et un prix Nobel divisé en deux mille lauréats. C'est quand même mieux que la loterie...

La survie
des cancéreux

Les nouvelles, dans le domaine du cancer, arrivent en tandem: une bonne, une mauvaise, sans qu'il soit possible de les départager.

Prenons le cas de deux cancers relativement rares: la leucémie infantile et la maladie de Hodgkin. Dans le premier cas, la survie au bout de cinq ans était de 5 % au cours des années cinquante; elle était de 65 % à la fin des années soixante-dix. La maladie de Hodgkin, presque invariablement fatale il y a trente ans, est guérie aujourd'hui dans la presque totalité des cas.

D'autre part, si l'on considère l'ensemble des cancers, et non plus les cancers rares que je viens de mentionner, la mortalité en 1962 était de cent soixante-dix sur cent mille individus; vingt ans plus tard, en 1982, elle a grimpé à cent quatre-vingt-cinq pour cent mille. De ce point de vue, le cancer fait donc plus de victimes, en dépit de toutes les recherches, de toutes les nouvelles techniques et de toutes les conférences de presse.

Pour le commun des mortels, l'association de la bonne et de la mauvaise nouvelle ne laisse pas d'être troublante: comment interpréter des statistiques contradictoires?

La première chose à faire remarquer, c'est que, lorsque l'on parle de la guérison des cancers, on en parle en termes d'années de survie après la pose du diagnostic. Si le malade traité est encore en vie après cinq ans, on le considère guéri. C'est ici qu'intervient la notion de diagnostic précoce.

Avec l'amélioration des techniques de dépistage, on peut diagnostiquer un cancer au stade I, avant que la tumeur initiale ait eu le temps de proliférer, ou alors au stade II, au moment où les métastases commencent à peine à se former. Cela introduit une grande différence statistique.

Pour simplifier, imaginons un type de cancer dont l'issue serait fatale cinq ans après le diagnostic conventionnel. Si on réussit à poser un diagnostic deux ans plus tôt, cela n'influence pas le déroulement de la maladie, sauf qu'au bout de cinq ans le malade sera encore en vie et on pourra le déclarer statistiquement guéri. C'est une façon de dire qu'il lui restera deux ans à vivre. En d'autres mots, le diagnostic précoce ne change rien au temps: il ne fait que reculer l'horloge. Cette constatation a été établie par des études statistiques sérieuses. Par exemple, dans le cas du cancer du sein, une recherche portant sur soixante-deux mille femmes âgées de vingt à soixante-quatre ans a montré que les examens annuels recommandés (mammographie, palpation) conduisaient à une réduction de la mortalité chez les femmes de plus de cinquante ans mais n'avaient aucun effet chez les plus jeunes.

Une étude analogue dans le cas du cancer du poumon a donné des résultats décevants: en fait, dans les deux groupes choisis, celui qui a été surveillé le plus attentivement a montré le même taux de mortalité que le groupe témoin. À la suite de cette étude, la Société américaine du Cancer a laissé tomber sa recommandation que les gros fumeurs se soumettent chaque année à une radiographie pulmonaire.

La situation, on le voit, est plus complexe qu'elle ne le paraissait il y a seulement dix ans. Par exemple, la Société américaine du Cancer ne recommande plus le dépistage précoce du cancer du côlon, tout en conseillant l'examen annuel des traces de sang dans les selles chez les individus de plus de cinquante ans.

Faut-il voir là un constat d'échec ou un aveu d'impuissance? La question, à mon avis, ne se pose pas d'une façon aussi simpliste. Il faut y voir surtout la reconnaissance de la complexité extrême du problème du cancer. En attendant que cette terrible maladie soit vaincue, ce qui est peut-être utopique, les travaux devraient porter, comme ils ont commencé de le faire, sur l'amélioration de la qualité de la vie des cancéreux. Cela comprend l'élimination des douleurs physiques inutiles et l'acceptation de la mort.

L'acharnement thérapeutique

Depuis le temps que j'exerce le métier de communicateur scientifique, je n'avais jamais eu connaissance d'une controverse publique entre deux spécialistes du cancer, sur les aspects moraux de certaines thérapeutiques expérimentales appliquées à des patients à peu près incurables. Cette controverse vient d'être déclenchée aux États-Unis, elle met en scène deux spécialistes reconnus, et, s'il vaut la peine d'y faire écho, ce n'est pas à cause de son côté sensationnel — il y a des journaux pour ça —, c'est parce qu'elle met en lumière les limites de ce qu'on appelle l'acharnement thérapeutique, c'est-à-dire la poursuite, sous prétexte de guérison éventuelle, de traitements expérimentaux dont les effets secondaires sont à la limite du tolérable.

L'affaire a commencé en 1985 par la publication, dans le prestigieux *New England Journal of Medicine*, de travaux du docteur Steven Rosenberg, du National Cancer Institute, portant sur vingt-cinq patients cancéreux présentant des métastases intraitables, des patients considérés comme étant presque en phase terminale. Sous l'effet d'un traitement nouveau à l'Interleukine-2, un agent immunitaire, onze de ces vingt-cinq patients avaient montré ce qu'on nomme une amélioration. Ajoutons que le docteur Rosenberg était devenu soudainement célèbre, quelques mois auparavant, ayant été choisi comme chirurgien lors d'une intervention pratiquée sur le président Reagan.

Dans ces conditions, la publication de Rosenberg, en dépit de la maigreur de ses résultats, ne pouvait manquer d'attirer l'attention des grands organes de presse. *Newsweek* en fit sa page couverture, *Fortune* parla de percée importante et Rosenberg se vit invité à toutes les grandes émissions d'information.

En décembre dernier, Rosenberg publia un autre article scientifique, cette fois dans le *Journal* de l'Association médicale américaine. Il y était question de nouveaux cas, d'un traitement modifié, de résultats plus modestes et d'une toxicité toujours présente. Mais, cette fois, on pouvait trouver en page éditoriale du *Journal* de l'Association médicale américaine un article virulent du cancérologue Charles Moertel de la clinique Mayo. Moertel réclamait l'interruption pure et simple du type d'expériences cliniques dont Rosenberg avait fait état dans ses deux publications. Le traitement à l'Interleukine-2, affirmait Moertel, constitue pour les patients une épreuve redoutable, qui nécessite plusieurs semaines d'hospitalisation, souvent aux soins intensifs, à cause des réactions toxiques dévastatrices qui entraînent parfois la mort. La plupart de ceux qui survivent présentent des oedèmes pulmonaires, de la fièvre, des contractures et des anémies qui obligent à des transfusions sanguines. Tout cela se traduit par un coût qui dépasse les six chiffres. Bref, pour Moertel, on se trouve devant un cas flagrant de course à la publicité, au nom de la recherche sur le cancer.

En réponse, Rosenberg déclara qu'il acceptait les critiques scientifiques de Moertel mais qu'il rejetait les accusations de sensationnalisme, les reportant plutôt sur les médias d'information. Il ajouta que ses dernières expériences, encore inédites, montrent une diminution de la toxicité et que, selon lui, le traitement à l'Interleukine-2, en dépit de ses imperfections, demeure une approche valable pour les cancéreux qui ont résisté à tous les autres traitements.

Nous sommes ici en présence d'un cas patent d'acharnement thérapeutique, justifié selon Rosenberg par l'espoir d'une amélioration clinique, condamnable selon

Moertel car il fait bon marché des souffrances des patients soumis à l'expérimentation. Ce sont deux conceptions de la thérapeutique dite «héroïque» qui s'affrontent, et dont on connaît déjà des exemples dans le cas des transplantations d'organes et, particulièrement, d'organes artificiels.

C'est une question qui va se poser de plus en plus fréquemment à mesure que les progrès de la recherche biomédicale vont conduire à l'expérimentation humaine, ne serait-ce que pour mesurer la toxicité d'un produit.

Il n'est pas question, sauf exception, de mettre en doute la motivation des chercheurs, encore qu'on puisse se demander si, dans certains cas, l'espoir d'un résultat ne l'emporte pas sur la compassion dont on doit faire preuve à l'égard des malades. On voudrait au moins être assuré que le patient soumis à de telles expérimentations soit complètement informé de leurs conséquences possibles avant de donner son consentement, et qu'il soit en mesure de le faire.

Au-delà de ces considérations générales, ne faudrait-il pas que notre société fasse l'effort d'une réflexion publique sur les vertus comparées de la fureur de vivre et de la sérénité qu'entraîne l'acceptation de la durée biologique? Notre société, hélas, est étrangement silencieuse sur les grandes questions scientifiques qui interrogent notre conscience collective.

La société

Les relations publiques de la science

Le désir de la collectivité scientifique de faire connaître au grand public le progrès des sciences et des techniques ne date pas d'hier. On peut en faire remonter l'origine institutionnelle à 1799, il y aura bientôt deux cents ans. C'est en effet à la toute fin du XVIIIe siècle que naquit en Angleterre l'idée de fonder un organisme destiné à l'éducation populaire dans le domaine scientifique. L'idée en revient à un Américain d'origine, Benjamin Thompson, mieux connu sous le nom de comte Rumford, célèbre pour ses travaux sur la chaleur, connu également pour les déboires conjugaux qu'il éprouva après avoir épousé la veuve du grand Lavoisier. Rumford, donc, suscita la fondation de l'Institution royale, dont l'objectif consistait à faire connaître la science et la technologie par des conférences publiques et des démonstrations, de jouer, en quelque sorte, le rôle de publicitaire et de relationniste de la science.

Bien qu'encore vivante aujourd'hui, l'Institution royale n'a jamais retrouvé les heures de gloire qu'elle a connues tout au long du XIXe siècle, alors que les plus grands savants de l'époque, Michael Faraday en tête, se succédaient à sa tribune pour jeter les bases de la vulgarisation scientifique moderne. Ses manifestations les plus prestigieuses, destinées principalement aux enfants, avaient lieu au cours des vacances de fin d'année et étaient connues sous le nom de Conférences de Noël: elles consistaient en exposés sur les grands principes de la physique et de la chimie, accompagnés de démonstrations expérimentales spectaculaires, effectuées par les savants eux-mêmes. Quelques-unes de ces Conférences de Noël ont été réunies en volume et elles constituent encore aujourd'hui des modèles d'exposition éloquente et accessible des grands principes scientifiques.

L'Institution royale, donc, a perdu de son éclat, comme d'ailleurs la vulgarisation scientifique, en dépit de l'explosion des communications. En Angleterre comme aux États-Unis, les scientifiques s'inquiètent du peu d'intérêt que semble manifester le grand public à l'égard des sciences. Les relations publiques de la science ont-elles failli à la tâche?

Il est difficile de répondre de manière satisfaisante à cette question sans savoir ce que la communauté scientifique espérait — et espère encore — de la publicité faite aux sciences. En premier lieu, les scientifiques ont jugé qu'ils étaient les mieux préparés pour faire connaître la science au grand public; or, sauf de brillantes exceptions, les résultats n'ont pas été ceux que l'on avait espérés: beaucoup de savants fort compétents dans leur domaine se sont révélés incapables de traduire clairement leur pensée et de conquérir la faveur du public. En second lieu, la majorité de la collectivité scientifique a toujours considéré, et considère encore, que l'objectif premier de la diffusion des sciences consiste à donner une image favorable de l'activité scientifique et de ses praticiens, à favoriser les subventions privées et publiques à la recherche, et à combattre vigoureusement tout ce qui pourrait constituer une critique même timide des orientations de la recherche. Aux yeux de certains chercheurs, l'activité scientifique est devenue aussi sacrée qu'un sacerdoce; il faut la soutenir avec enthousiasme sans jamais la remettre en cause.

La réalité n'est ni aussi virginale ni aussi simple. À côté des spécialistes eux-mêmes, souvent maladroits dans leurs tentatives de diffusion ou de propagande, sont apparus des journalistes ou des commentateurs scientifiques, plus sensibles aux attentes du public, qui ne se sont pas satisfaits de servir de simple courroie de transmission entre les connaissances scientifiques et le public consommateur. Ils sont devenus réticents à servir les relations publiques de la science sans remettre en question les conséquences sociales des travaux et des priorités de la pratique scientifique.

À ce titre, le malaise actuel de la communauté scientifique à l'égard de son image n'est pas le signe de l'indifférence du public, mais bien de l'inquiétude de ce dernier à l'égard de ce qu'on veut lui faire voir, de ce qu'on veut lui faire croire. Les membres de la collectivité scientifique doivent comprendre que les relations publiques de la science, entendues dans leur sens apologétique, ont fait leur temps. La science, aujourd'hui, est devenue trop importante pour être laissée entre les mains des seuls savants.

Les entrepreneurs du code génétique

J'ai commenté, plus haut, le projet du professeur Dulbecco de convier les biologistes moléculaires à grouper leurs efforts afin de dresser la carte génétique de la cellule humaine, son génome, c'est-à-dire l'ensemble des quelque trois milliards de paires de nucléotides regroupés en quarante-six chromosomes, une entreprise un peu folle, à la limite de la démesure, une exploration biologique jamais entreprise jusqu'alors, et comparable dans son envergure à l'exploration spatiale. Un projet de trente milliards de dollars, étalé sur une dizaine d'années, qui pourrait éventuellement fournir une carte détaillée de tous les gènes humains et des intervalles moléculaires qui les séparent, et qui pourrait déboucher, entre autres choses, sur la localisation et la détermination de tous les gènes déficients responsables des quelque deux mille maladies héréditaires connues chez l'espèce humaine, avec, en prime, la possibilité de les prévenir ou de les guérir par les techniques actuelles ou futures du génie génétique.

Cette vaste entreprise, louable comme toute entreprise de connaissance désintéressée, me paraissait entachée de quelques dangers, dont j'avais signalé les deux principaux. Le premier consistait dans la transformation de la recherche biologique telle que nous la connaissons en une sorte de mégabiologie assortie d'une structure administrative très lourde, c'est-à-dire d'un contrôle financier et bureaucratique stérilisant pour la recherche. Le second danger, à cause des énormes budgets requis, menaçait de tarir les subventions nécessaires à toutes les recherches biologiques qui n'avaient pas pour objet l'identification du génome humain. Après quelques débats, l'optimisme des partisans semblait l'avoir emporté sur la méfiance des opposants.

Cette grande aventure a finalement pris une tournure inattendue, qui risque de pervertir la recherche fondamentale d'une façon encore plus profonde qu'on ne l'avait imaginé. Afin de saisir les mécanismes de cette perversion, il faut dire que les biologistes moléculaires intéressés n'en sont encore qu'à la phase exploratoire. Les énormes budgets dont il avait été question n'ont pas encore été votés, mais deux organismes gouvernementaux américains se font déjà la lutte à coups de millions afin de mettre la main sur le projet : il s'agit des Instituts nationaux de la Santé et du ministère de l'Énergie dont la présence ici paraît insolite, sinon suspecte. Ajoutez à cela quelques entreprises privées qui ont associé à leur conseil d'administration quelques-uns des plus grands noms de la biochimie moléculaire.

Les chercheurs scientifiques transformés en entrepreneurs capitalistes, c'est un phénomène qu'on n'avait pas observé souvent depuis un siècle, à l'exception de Liebig pour les extraits de viande, de Nobel pour la dynamite ou de Georges Claude pour le néon et l'air liquide. Récemment, des chercheurs-entrepreneurs sont apparus en Californie dans le cas des ordinateurs ou de certains projets de génie génétique. Dans le cas du génome humain, le plus dynamique de ces nouveaux entrepreneurs est le biochimiste Walter Gilbert, qui vient de fonder la Genome Corporation, est en train de rassembler les capitaux nécessaires et déclare vouloir être le premier à dresser la carte des nucléotides humains, à l'aide d'une équipe de deux cents spécialistes.

D'où vient l'intérêt financier soudain qui vient brouiller les cartes de la recherche fondamentale, fondée jusqu'à maintenant sur la circulation libre des hypothèses et des résultats scientifiques ?

Cet intérêt vient de la nécessité d'acquérir des outils moléculaires essentiels à l'exploration ultérieure des gènes humains. Ces outils moléculaires sont des sondes génétiques, c'est-à-dire des assemblages originaux de molécules qui permettent d'identifier les séquences de nucléotides. Ces sondes génétiques, à l'heure actuelle, peuvent faire l'objet de brevets et ceux qui en auront la propriété pourront exiger des redevances de la part de ceux qui voudront les utiliser, à défaut de quoi les sondes génétiques demeureront secrètes, tout comme la formule d'un nouveau médicament. Le chercheur qui voudra, par exemple, explorer le territoire du chromosome onze dans l'espoir de déceler une anomalie génétique caractéristique d'une maladie héréditaire devra payer des droits avant de procéder à sa recherche, à moins de se résigner à refaire lui-même toute la phase préliminaire à la synthèse de la sonde qui lui est nécessaire. Walter Gilbert, pour sa part, prétend qu'il a parfaitement le droit de percevoir des redevances en échange de ses découvertes car, selon lui, les séquences d'une molécule de nucléotides sont assimilables aux séquences de lettres qui composent un livre, et qui rapportent naturellement des droits d'auteur.

Au-delà de la question des gros sous, qui est assez troublante en elle-même dans le cas d'une entreprise scientifique axée sur la connaissance de la cellule humaine, on voit poindre le spectre d'une discipline scientifique dont les secrets ne pourraient être accessibles qu'à ceux qui auraient les moyens de les acheter. On comprend l'appréhension des biologistes, qui verraient ainsi disparaître une tradition scientifique vieille de plusieurs siècles, une tradition fondée sur la liberté et sur l'échange des idées.

La virginité du professeur Testart

Le professeur Jacques Testart, spécialiste de la fécondation artificielle chez les bovins, et «père» du premier bébé-éprouvette français, vient de publier un livre intitulé: *L'Oeuf transparent*, préfacé par le plus grand philosophe encyclopédiste de France et de Navarre, l'admirable Michel Serres.

Si je risque un commentaire, sans mettre en doute l'excellente technique des travaux expérimentaux de Jacques Testart ni sa prise de position à la fois publique, pathétique et porteuse de mauvaises nouvelles, c'est qu'elle me paraît projeter un éclairage ambigu sur l'engagement social du savant. Cet engagement social, je le souhaite, je l'appelle de tous mes voeux et je n'en réclame pas non plus la paternité.

Ceux qui nous suivent avec fidélité depuis plusieurs années se rappelleront sans doute l'écho que nous avions fait entendre de l'historique conférence d'Asilomar, en 1974. Les spécialistes les plus éminents de la biologie moléculaire, à de rares exceptions près, s'étaient inquiétés des retombées potentiellement dangereuses de certains types de manipulations génétiques et, en particulier, de la libération éventuelle dans l'environnement de produits génétiques de synthèse aux propriétés imprévisibles et peut-être dévastatrices. Par une décision collective unique dans l'histoire des sciences, ils avaient décidé de renoncer à certaines expériences et avaient formulé, pour les autres, des codes de sécurité adoptés internationalement. Bref, ils avaient renoncé à ce que le vénérable biochimiste Chargaff nommait «la doctrine de Satan», au nom de laquelle tout ce qui peut être fait en recherche «doit» être fait. Par cette autocensure volontaire et collective, les biologistes moléculaires s'étaient refait une virginité. Douze ans plus tard, elle résiste encore en dépit d'une tentative de défloration dans le champ du génie génétique végétal, bloquée sous le coup d'une injonction en Californie.

Chargaff lui-même, la dernière fois que je l'ai vu à New York, s'était déclaré heureusement surpris mais pessimiste quand même à long terme. Dans ces domaines, disait-il, les pionniers sont des anges, leurs disciples des imprudents et leurs successeurs des forbans.

Depuis 1974 donc, la communauté internationale est au courant de cela. Le professeur Testart, à son tour, nous fait savoir qu'il s'inquiète. Bravo! Nous applaudissons aux vocations tardives; nous ne le chicanerons pas d'avoir mis plus de temps que les autres à réfléchir. L'épaisseur d'un vécu, comme on dit en jargon, dépend de chacun, et l'on disait même autrefois qu'il y avait plus de joie promise aux convertis sur le tard. Au surplus, monsieur Testart, au nom prédestiné, nous avoue qu'il est un ancien trotskiste. Nous accueillerons peut-être bientôt un ou deux nostalgiques du maoïsme; il y en a, semble-t-il, beaucoup plus qu'on ne le soupçonne, même si la nostalgie moléculaire n'est plus ce qu'elle était.

Mais pourquoi monsieur Testart nous gâte-t-il notre plaisir? Pourquoi en appeler, selon sa propre expression, à un moratoire révolutionnaire sur l'idée même du progrès, à une convergence sur la non-prolifération des exploits? Pourquoi étayer la sincérité de ses aveux par l'étalement de ses stigmates psychosomatiques? Pourquoi exiger un nouveau Comité d'éthique avec pouvoir exécutif et pas seulement consultatif? Pourquoi proposer de mettre sous surveillance les médecins et les chercheurs dans les domaines sensibles? Dans un domaine sensible où les chercheurs, précisément, ont pris l'initiative de se doter d'un code rigoureux d'autocensure, pourquoi cette haute surveillance et ce tribunal dictatorial? Il semble y avoir des retournements idéologiques qui ne font que déplacer les séquelles de l'ancienne condition.

Trêve d'analyse puisque monsieur Testart nous livre la clé de ce qu'il appelle son «suicide scientifique». Figurez-vous que son futur projet d'implantation directe d'un spermatozoïde humain dans un ovule humain, il l'avait soumis au Comité d'éthique en existence, et que le comité l'avait refusé. Résultat, et je cite: «Nous avons publié notre technique, mais c'est d'autres qui l'utilisent.»

Après cet aveu dépouillé d'artifice, monsieur Testart devrait se sentir moins seul. En effet, il y a beaucoup de vocations tardives dont la motivation profonde est une paternité inassouvie...

La volte-face
de Freud

Le cas de Sigmund Freud est unique dans l'histoire des sciences humaines et sans doute dans celle des sciences tout court. Entre 1897 et 1903, en l'absence de toute vérification expérimentale, il a formulé une hypothèse, celle de la sexualité infantile exprimée notamment par le complexe d'Oedipe, sur quoi reposent d'autres éléments, comme l'existence de l'inconscient, la nature du transfert et de la résistance, la répression, les fantasmes inconscients, le recours à la répétition, pour n'en nommer que quelques-uns. Les hypothèses de Freud se sont transformées en une théorie connue sous le nom de théorie psychanalytique, la théorie s'est transformée en doctrine rigoureuse, la doctrine en méthode thérapeutique, en philosophie, en religion, bref en orthodoxie jalousement conservée à l'intérieur de chapelles où n'ont accès que les adorateurs du père. D'autres écoles de pensée ont vu le jour, évidemment, comme celle de Jung, d'Adler ou, plus récemment, de Lacan, qui officiait parfois entre deux portes, mais celle de Freud est la seule dont on se soit acharné à préserver la pensée originale.

De quelle pensée originale s'agit-il au juste? Celle qu'il a élaborée, comme on l'a dit, de 1897 à 1903, ou celle qu'il proclamait devant la Société de Psychiatrie et de Neurologie de Vienne en avril 1896, sous le titre: «Étiologie de l'hystérie»? La question se pose depuis la parution, il y a quelque temps, d'un ouvrage iconoclaste mais fortement documenté du psychanalyste Jeffrey Masson, venu à la psychanalyse, comme plusieurs de ses confrères, par le détour de la linguistique, comme si l'étude des langues conduisait au silence de l'analyste. Masson, membre de l'Association internationale de Psychanalyse et personnage assez remuant, avait réussi à gagner la confiance de la fille de Freud, Anna, et à obtenir un poste équivalent à celui de conservateur des Archives de Sigmund Freud, une masse d'environ cent cinquante mille documents. À cette occasion, Masson a eu la chance de découvrir un grand nombre de manuscrits et de lettres, celles-ci adressées à son ami le plus intime de l'époque, le docteur Wilhelm Fliess, et qui avaient été délibérément supprimées des éditions subséquentes de l'oeuvre freudienne.

Ces documents établissent clairement qu'entre 1885 et 1896 Freud professait une tout autre doctrine sur les émotions infantiles que celle qu'il adopta à compter de 1897. Ils nous montrent également que Freud manifestait une crédulité pour le moins suspecte à l'égard des effets de la chirurgie osseuse du nez sur la masturbation féminine. Pour nous en tenir aux émotions infantiles et à leur répression dont les névroses hystériques étaient la principale manifestation, Freud était convaincu, sur la foi de dix-huit cas qu'il avait soigneusement analysés, que ces manifestations hystériques étaient toujours associées à des traumatismes réprimés depuis la petite enfance et qui avaient comme origine des attouchements ou des attentats sexuels (il parlera plus tard de séduction, mais le mot est inexact) de la part des proches de l'enfant, en particulier du père. Freud, lors de son séjour à Paris en 1885, avait d'ailleurs eu connaissance d'une littérature médico-légale assez abondante à ce sujet, et l'on sait que les sévices sexuels, les tentatives de viol et les incestes étaient monnaie courante dans les sociétés européennes de l'époque. Ils le sont d'ailleurs encore aujourd'hui dans nos milieux défavorisés, si l'on en croit le témoignage de ceux qui s'occupent de l'enfant en milieu scolaire, même urbain.

Lorsqu'il se décida à faire part de sa théorie sur les conséquences de la répression infantile de ces souvenirs traumatiques, en avril 1896, Freud eut la stupeur de se heurter, de la part des neurologues et même des psychiatres, au nombre desquels se trouvait Kreft-Ebbing, le célèbre compilateur des perversions sexuelles les plus délirantes, à une hostilité générale. On refusa même de publier sa communication. Il avait scandalisé la bonne société bourgeoise de son temps, qui en avait pourtant vu d'autres. Écrivant à Fliess quelques jours plus tard (autre lettre supprimée et retrouvée par Masson), Freud fait part de son immense chagrin d'être incompris, rejeté, isolé.

Un an plus tard, il entreprend de changer son fusil d'épaule et d'attribuer non plus aux adultes mais à l'enfant lui-même les désirs sexuels à l'égard de la mère (et surtout du père), et dont la répression, dans ce qui deviendra plus tard la théorie freudienne orthodoxe, entraîne le cortège des névrosés que l'on soumettra à la technique psychanalytique. La renonciation publique de Freud à ses convictions antérieures se produira en 1905.

L'abandon d'une hypothèse au profit d'une autre n'est pas un phénomène isolé dans l'histoire des sciences. Ce qui étonne dans le cas de la volte-face de Freud, c'est qu'il ait pu conclure que chacune des personnes qu'il avait lui-même analysées lui avait menti en inventant ce qu'on appellerait aujourd'hui un harcèlement sexuel de la part des adultes de son entourage, et que la vérité résidait dans le phénomène précisément contraire, à savoir des tentatives infantiles de séduction des adultes par les enfants, lesquelles feront partie plus tard du fameux complexe d'Oedipe. L'abandon par Freud de sa théorie originelle est peut-être attribuable à son abdication devant les pressions sociales de la société bourgeoise, puritaine et légèrement faisandée à laquelle il appartenait et où il recrutait sa clientèle. Ce qui ne témoigne pas d'un courage moral fortement trempé.

À cette interprétation des influences sociales, je suis en mesure d'apporter le témoignage du grand biochimiste Erwin Chargaff, né à Vienne au tournant du siècle. Selon Chargaff, la société viennoise ne correspondait en rien à l'image folklorique que l'on s'en fait: la Vienne de la Belle

167

Époque, avec ses valses de Strauss, ses cafés élégants où l'on buvait du chocolat chaud en dégustant des pâtisseries copieuses et en devisant de littérature, cette Vienne-là était un reflet trompeur. La réalité était celle d'une société extrêmement brutale, y compris dans ses rapports entre les sexes, une société à la fois puritaine et secrètement corrompue. Paradoxalement, la nature de cette société donnerait crédit à la première interprétation de Freud en même temps qu'elle expliquerait à quelles pressions il a dû céder. N'empêche qu'on demeure perplexe devant les gardiens farouches de l'orthodoxie actuelle...

Un procès scientifique international

L'Institut Pasteur de Paris contre le gouvernement des États-Unis; c'est une poursuite comme on n'en avait encore jamais vu dans l'histoire de la recherche scientifique. Du côté français, le professeur Luc Montagnier; du côté américain, le professeur Robert Gallo, de l'Institut national du Cancer, subventionné par le gouvernement américain.

Les deux chercheurs sont de haut calibre international; ils sont, comme on dit dans la communauté scientifique, «nobélisables», ce qui veut dire qu'on ne serait pas surpris qu'ils reçoivent le prix Nobel, un de ces automnes. Au surplus, ce sont des chercheurs qui ont étroitement collaboré aux travaux qui ont mené à l'identification du rétrovirus du sida et à une mise au point du test de diagnostic utilisant les anticorps du virus.

Le matériel d'identification, fabriqué sous licence par la société américaine Genetic Systems Corporation, est maintenant utilisé dans l'examen de tous les échantillons de sang humain prélevés pour fins de transfusion, afin de déceler les porteurs de sida. C'est évidemment le gouvernement américain, subventionnaire de Gallo, qui perçoit les royautés du brevet qu'il a accordé à l'équipe de l'Institut national du Cancer, l'équipe de Gallo. Ce brevet, daté du 25 mai 1985, est au coeur du litige. La plainte de Luc Montagnier, acheminée par les autorités de l'Institut Pasteur, allègue que Gallo s'est approprié des substances et des renseignements qui lui avaient été fournis par le scientifique français à la condition expresse qu'il ne s'en serve que pour des fins expérimentales. À ce titre, Gallo encourt le reproche d'inconduite scientifique, ce qui dépasse en gravité la querelle de priorité.

À vrai dire, le litige met en jeu un réseau de complexités. Il est vrai que Montagnier a isolé ce qui semble être le rétrovirus du sida en 1983 et qu'il a publié ses résultats dans *Science* en mai 1983. La même année, il a fait une demande de brevet auprès du gouvernement américain alors que Gallo déposait sa propre demande en avril 1984. Mais la requête de Montagnier a traîné dans les bureaux et celle de Gallo a été accordée rapidement, soit en mai 1985.

Entre-temps, Montagnier avait fait parvenir à Gallo des échantillons de ses milieux de culture. Ce dernier les a-t-il utilisés pour préparer des anticorps qui auraient servi ultérieurement à la détection du sida? Gallo prétend que non, et que non seulement les échantillons de Montagnier étaient inutilisables mais que lui, Gallo, possédait ses propres milieux de culture. Évidemment, la poursuite française, qui revendique la paternité du test diagnostique, réclame la restitution des royautés qui ont été versées depuis l'introduction du test en 1985, soit environ un million de dollars, plus les montants à venir.

De quelque côté qu'on la regarde, la querelle Montagnier-Gallo est une vilaine affaire, et pas seulement parce qu'elle met en jeu une question de gros sous dans un domaine qui devrait toucher beaucoup plus à la santé des gens qu'aux pertes et profits des laboratoires.

Ce qui est en cause à court terme, c'est le détournement des énergies de la recherche scientifique vers des domaines financiers, juridiques et procéduriers qui risquent d'être très accaparants. C'est aussi, et surtout, le principe même de la collaboration internationale entre laboratoires qui risque d'être compromis. On avait coutume de dire, avec fierté, que la recherche scientifique ne connaissait pas de frontières et que les chercheurs de pays différents échangeaient volontiers leurs résultats. On savait que ce n'était pas tout à fait vrai et que les scientifiques, avec raison, veillaient à préserver jalousement la paternité de leurs découvertes. La querelle franco-américaine actuelle risque de fausser les règles du jeu en introduisant la suspicion dans la collaboration scientifique, en transposant de l'industrie à la recherche fondamentale l'épineux problème des secrets de fabrication.

L'invention
de la roue

« Tout ce qui existe est le fruit du hasard et de la nécessité.» Cette maxime du philosophe antique Héraclite, dont le prix Nobel français Jacques Monod s'était inspiré pour le titre de l'ouvrage qu'il écrivit sur les mécanismes du code génétique, a fait rêver des générations de commentateurs. En fait, elle ne signifie rien d'autre que ces vérités bien connues, à savoir que la nécessité est la mère de l'invention et que cette dernière résulte d'une étincelle inattendue. Il en est ainsi pour l'invention de la roue, dont on dit qu'elle a été la plus importante dans l'histoire de la technologie humaine.

On pourrait faire une démonstration analogue dans le cas de l'hydraulique, où on aime à voir la naissance du miracle grec, alors que ce sont des problèmes pratiques de sécheresse et de canalisation d'eau douce qui ont amené Archimède et ses contemporains à étudier et à résoudre les questions importantes de la mécanique des liquides. De la même façon, ce sont les problèmes d'identification des terres arables posés par les crues successives du Nil qui ont donné naissance à la géométrie et à son application principale, l'arpentage.

Revenons à la roue, pour affirmer qu'elle ne pouvait naître en terrain rocailleux ou montagneux, mais plutôt dans les terres argileuses des vallées comme celle de l'Indus et, surtout, de la Mésopotamie. Elle dérive, semble-t-il, de la transformation d'un mouvement rectiligne, la pédale, en un mouvement circulaire, le tour du potier, donc de l'art de fabriquer des pots et des vases d'argile ou de terre cuite. De la roue qui tournait à celle que l'on pouvait monter sur un essieu et fixer à un chariot rudimentaire, il n'y avait qu'une étincelle, qu'un pas, franchi aux environs du troisième millénaire avant notre ère. La roue primitive, d'abord faite de planches accolées, puis dotée d'un moyeu, de rayons et d'une jante, se répandit rapidement dans toute l'Europe où, grâce à l'attelage des animaux domestiques, elle devint le moyen de transport le plus commode et le plus courant. Seuls les pays nordiques, fréquemment enneigés, demeureront longtemps fidèles au traîneau, qui avait été inventé de façon indépendante.

Les historiens de la technologie ont longtemps répété que l'invention de la roue témoignait d'une supériorité manifeste de notre civilisation et en ont donné pour preuve l'incapacité qu'ont eue les peuples d'Amérique, même les plus anciens comme ceux du Mexique et de l'Amérique centrale, d'inventer un moyen de locomotion aussi simple et aussi évident que la roue.

Or, des fouilles archéologiques récentes effectuées dans la région centrale du Mexique, à Tula, où florissait au Xe siècle de notre ère la civilisation des Toltèques, ancêtres des Aztèques, viennent de mettre au jour quantité de petites figurines représentant des chiens et des chats dont les pattes sont montées sur des roues de terre cuite traversées par des essieux; le principe de la roue était donc connu en Méso-Amérique et on a tout lieu de croire qu'il résultait d'une invention originale, ne serait-ce qu'à cause de l'isolement géographique.

La question se pose alors de savoir pourquoi les Toltèques n'ont jamais fabriqué de grandes roues et pourquoi ils ne les ont pas utilisées au transport des marchandises. La réponse est double: d'une part, les Toltèques ne disposaient que de petits animaux, tels les chiens, pour l'attelage; d'autre part, un pays fortement montagneux comme le Mexique ne se prêtait pas au transport routier. Quant aux régions marécageuses en bordure du golfe du

Mexique, elles convenaient davantage au transport par bateau.

Ce n'est donc pas par infériorité intellectuelle que les Méso-Américains n'ont pas utilisé la roue, sauf à titre de jouet, après en avoir découvert le principe. Le hasard les a servis, comme les autres, mais la nécessité était absente.

L'espace
d'une seconde

À notre époque saturée d'informations, où l'accessoire se mêle au capital, l'insignifiant au planétaire, l'accident de voiture à l'attentat terroriste, la catastrophe de la navette spatiale *Challenger* n'échappe pas à la loi commune: une fois la stupeur passée — et quelle stupeur! —, l'exceptionnel devient banalisé. Sept morts sur le chemin du ciel, en comparaison des milliers qui succombent sur les routes, qui s'écrasent dans les avions piégés, des millions qui meurent des morts quotidiennes paisibles ou horribles, comment faire le partage?

Le divorce persiste toujours entre la mythologie et la réalité de l'exploration spatiale. Depuis l'Antiquité, tous les récits imaginaires d'envolées dans l'espace font état de vaisseaux ayant des hommes à leur bord: au deuxième siècle de notre ère, Lucien de Samosate publia un *Voyage d'Ulysse* qui fut au XVIIe siècle traduit en latin par Kepler et qui parlait de pèlerins mettant le pied sur la Lune; l'*Histoire comique des États et Empires de la Lune* de Cyrano de Bergerac en est un autre exemple, ainsi que *De la Terre à la Lune* de Jules Verne. Dans tous les cas, des hommes faisaient partie du voyage.

Je me souviens de cette soirée du 20 juillet 1969, alors que nous attendions devant la télévision le moment historique où, pour la première fois, un homme se poserait sur la Lune. Une petite fille de neuf ans, dispensée, pour l'occasion, d'aller se coucher, attendait en notre compagnie, toute pleine de cris et de gestes. L'homme se posa sur la Lune, sauta à quelques reprises comme un gros insecte élastique, et alla planter un drapeau américain qui ne flottait pas au vent. La petite fille, qui était dans mes bras, ne parlait pas: en la regardant, je m'aperçus qu'elle s'était tout bonnement endormie. Pour elle, il n'y avait pas de spectacle: l'homme sur la Lune, elle l'avait déjà vu dans les bandes dessinées.

Après la stupeur qui suivit l'explosion de *Challenger*, vint le temps des réflexions. Sous l'inondation informatique qui anesthésie le raisonnement, quelques observateurs avaient pourtant fait remarquer que le danger d'accident s'accroît dangereusement avec le nombre de pièces individuelles de l'appareil, quelle que soit la précision de la technologie. En fait, la technologie elle-même, à ce point de complexité, devient dangereusement fragile. Cette faiblesse est toujours passée sous silence au profit du prestige scientifique et politique des pays qui se lancent à la conquête de l'espace; ce même prestige rejaillit sur les astronautes, que l'on croit investis de la même puissance et — pourquoi pas? — de l'immortalité. C'est pour cela, sans doute, que la stupeur se mêle de désenchantement.

D'autres critiques, tel le célèbre physicien James Van Allen, un des pionniers de l'exploration spatiale, en l'honneur de qui la ceinture de radiations terrestres a été nommée, sont venus rappeler qu'en attendant l'émergence d'une nouvelle technologie qui permettrait l'exploration humaine d'autres planètes que la Lune, tout ce que nous pouvons découvrir d'important sur le système solaire peut être connu à moindre coût et à moindre risque à l'aide de satellites non habités. L'exploration récente d'Uranus et de ses lunes l'a bien montré.

Nous avons donc vu la mort en direct, en ce 28 janvier 1986, ou plutôt l'explosion en direct, porteuse de mort. La mort en direct dans les yeux des enfants, nous l'avons vue le même jour et c'était encore plus impressionnant. La télévision s'était rendue à Concord, dans le New Hampshire, pour filmer les élèves de la jeune enseignante astronaute Christa McAuliffe. On leur avait préparé une fête, ils ont applaudi le lancement devant la télévision, ils ont vu l'explosion, ils sont devenus subitement silencieux, ils se sont levés et ils sont partis. J'espère que l'événement leur est apparu irréel.

Le Chercheur inconnu

À la fin de chaque année, c'est devenu un rituel de retracer les événements marquants des douze mois écoulés, mettant en valeur ceux qui ont le plus de chances de passer à la postérité ou, à tout le moins, de survivre à l'oubli pour quelque temps encore. Dans le domaine scientifique et technique, l'évolution est si fiévreuse et les résultats si foisonnants que le compilateur n'a, comme on a coutume de dire, que l'embarras du choix. Mais, si les résultats de la recherche demeurent, les noms des chercheurs qui y sont associés se recouvrent rapidement du voile de l'oubli, comme dans la chanson les pas des amants que la mer efface sur le sable.

Pour ne mentionner que deux exemples entre mille, on parlera longtemps de la supraconductivité, surtout si l'on parvient à trouver des composés qui la manifestent à des températures compatibles avec les applications pratiques désirées, comme le transport de l'énergie électrique à grande distance; mais pour ce qui est des artisans des étapes successives vers l'objectif souhaité, on ne les retrouvera, au prochain siècle, que dans des ouvrages de référence hautement spécialisés. Autre exemple: quel est le nom de ce chercheur éminent qui s'est vu attribuer le prix Nobel de médecine en 1962, il y a tout juste vingt-cinq ans? Je parie que vous ne le savez pas; et ne comptez pas sur moi pour vous éclairer car je n'ai pas d'encyclopédie sous la main.

C'est en pensant à ces choses que je suis arrivé, un jour de flânerie, à imaginer une consécration nouvelle, celle de «Chercheur inconnu», par analogie avec le Soldat inconnu dont les vieux os, s'il en reste, se réchauffent à la flamme perpétuelle de l'Arc de Triomphe, au coeur des Champs-Élysées. Il me semblait, dans cette rêverie, que je contribuais à réparer une injustice historique. Pourquoi, en effet, le métier de soldat serait-il le seul à se mériter l'épithète d'inconnu? Pourquoi pas l'Artisan inconnu, l'Instituteur inconnu, le Cultivateur inconnu? Pour les généraux, on comprend: ils meurent tous dans leur lit, à la différence des soldats, après avoir pris soin de commander leur statue; peine perdue d'ailleurs car dans leur cas l'oubli posthume n'est que le prolongement de l'indifférence antérieure.

Le Chercheur inconnu, que je propose de célébrer ici, possède plus d'affinités avec le Soldat inconnu qu'avec le général. Les deux premiers partagent en commun plusieurs traits, outre celui, bien évident, de ne pouvoir être honorés qu'à titre posthume; ils ont connu une existence sans gloire mais non sans mérite; une carrière obscure et un trépas sans fanfare. Dans le cas des soldats, il n'y en a qu'un, choisi parmi les millions qui ont donné leur vie au cours des guerres de ce siècle; dans le cas des chercheurs, on n'a encore isolé personne du nombre incalculable de ceux qui ont contribué modestement à donner aux sciences et aux techniques l'éclat qu'elles possèdent en cette fin de siècle. Car de même que ce sont les petits ruisseaux qui font les grandes rivières, c'est l'accumulation des petites recherches modestes, sans histoire, qui rend possible les grandes percées de la science.

C'est pourquoi, sur la tombe imaginaire du Chercheur inconnu, faiblement éclairée par la flamme froide bien connue des physiciens, je propose cette devise inspirée du beau vers d'Aragon:

> *Tout le monde n'est pas Cézanne*
> *Nous nous contenterons de peu.*

Car ce qui justifie l'existence du Chercheur inconnu, ce n'est pas la découverte, qui est l'éclair inattendu d'un millième de seconde, mais le cheminement patient et passionné, qui trouve en lui-même sa propre récompense.

La science
en vase clos

Le congrès annuel de l'Association canadienne-française pour l'Avancement des Sciences, l'A.C.F.A.S., fait habituellement l'objet d'une constatation désenchantée: la culture scientifique constitue un ghetto au sein de la culture.

Un événement qui réunit des milliers de scientifiques canadiens francophones, plus quelques chercheurs étrangers, devrait normalement donner lieu à des manifestations publiques dont rendraient compte les grands médias d'information. Qui sont nos chercheurs? Quelle est leur contribution à la science contemporaine? Quelles sont leurs motivations, leurs espoirs, leurs difficultés? Quelle place occupent-ils dans notre société? La population s'intéresse-t-elle au sort des scientifiques qu'elle nourrit dans son sein et qu'elle alimente de ses subventions par le biais des organismes gouvernementaux? Les scientifiques eux-mêmes ont-ils conscience qu'ils ont des comptes à rendre à cette société, qu'ils ne doivent pas se comporter en parasites repus et indifférents au destin et aux aspirations de leur communauté?

Sur toutes ces questions, et sur tant d'autres qui pourraient s'y ajouter, un voile épais a été jeté, comme si la plus grande manifestation annuelle de notre communauté scientifique devait se dérouler à huis clos. À peine la grande presse d'information a-t-elle percé le silence feutré des communications pour nous apprendre que les joueurs de hockey francophones gagnaient des revenus inférieurs à ceux de leurs confrères anglophones, ou que la concentration en aluminium de l'eau potable à Laval dépassait souvent les normes admissibles, ou encore que le faible taux de natalité québécois faisait l'objet d'une controverse quant à sa gravité. Pour le reste, on a laissé les scientifiques se débrouiller tout seuls.

Faut-il s'en plaindre? Faut-il déplorer le fait que le public s'intéresse davantage aux séries éliminatoires, au festival de jazz ou aux feux d'artifice qu'à l'activité des scientifiques canadiens? On peut trouver à ces questions une réponse dont les deux éléments se rejoignent: en premier lieu, on ne peut pas reprocher à la population de se passionner pour ce qui l'intéresse; en second lieu, on ne peut pas lui demander de s'intéresser à ce qu'elle ne connaît pas.

Dans cette veine, il faut bien admettre que la culture scientifique, chez nous comme dans les autres pays, ne fait pas partie de la culture «cultivée» de la majorité des intellectuels. La science est perçue, non pas comme une aventure excitante de l'esprit humain, mais comme une activité confidentielle, réservée à quelques cerveaux supérieurs, dont on espère l'amélioration de notre condition en même temps qu'on en redoute les conséquences sournoises. La pratique scientifique elle-même est une vaste terra incognita: son apprentissage est la plupart du temps rebutant, lorsqu'il n'est pas tout simplement éliminé des programmes scolaires. J'ai même reçu récemment un document émanant du ministère de l'Éducation, de qui relèvent la science et la technologie, dans lequel on mentionnait qu'il fallait s'intéresser à la science à cause du danger qu'elle représente! Tant qu'on n'aura pas réussi à convaincre la jeunesse que l'aventure scientifique est aussi exaltante que celle de la musique, de l'écriture ou de l'art dramatique, la culture scientifique demeurera dans le ghetto qui est le sien à l'heure actuelle.

Aux scientifiques qui se plaignent de l'indifférence du public à leur égard, on pourrait peut-être demander de commencer par manifester eux-mêmes le plaisir qu'ils éprouvent de participer à la grande aventure scientifique de notre siècle. Hélas, on ne les voit pas souvent s'enthousiasmer; la satisfaction qu'ils ressentent ne semble pas contagieuse, à de rares exceptions près. Autant les écrivains, les peintres, les hommes de théâtre semblent animés de quelque feu sacré lorsqu'ils parlent de leurs travaux, autant les comptes rendus de recherche semblent avoir été conçus par des chevaliers à la triste figure. Si la science doit passionner le public, il faudrait que ceux qui la font soient eux-mêmes passionnés.

L'éducation

Les aveux d'un illettré fonctionnel

La première fois que je lus la manchette dans le journal, je refusai d'en croire mes yeux. On affirmait, sur la foi d'études récentes, que l'on comptait au Québec environ trois cent mille analphabètes, soit 5 % de la population. À l'ère de l'instruction obligatoire et des communications de masse, cela me paraissait beaucoup. Je compris par la suite que cette proportion inquiétante incluait non seulement les analphabètes purs et durs, incapables de lire et d'écrire, même de signer leur nom, mais ceux et celles qui avaient de la difficulté à lire les affiches ou les gros titres des journaux. À demi rassuré, j'essayai de calmer mon inquiétude en imaginant que l'on avait peut-être gonflé les données, afin de mieux impressionner les gens, en y incluant les enfants d'âge préscolaire, les handicapés mentaux profondément retardés, les aveugles et les muets, peut-être les allophones, lettrés dans leur langue natale mais encore incapables de se débrouiller dans la nôtre, et — pourquoi pas? — les individus séniles qui ont perdu l'usage des lettres et des chiffres.

L'ensemble ainsi élargi par rapport à une définition stricte de l'analphabétisme regroupait-il trois cent mille personnes? L'État avait-il la volonté et les moyens de mettre sur pied des programmes de rattrapage intensif pour en réduire le nombre? J'en étais là de mes interrogations lorsque d'autres nouvelles, beaucoup plus alarmantes, faillirent transformer mon inquiétude en panique. On y faisait état d'une étude pancanadienne, commanditée par le groupe Southam Press, dont les résultats ont été étalés pendant cinq jours d'affilée dans la presse anglophone. Selon cette étude, on pouvait compter de 22 % à 28 % d'illettrés fonctionnels à travers le pays, le Québec venant naturellement en tête du peloton. Des illettrés fonctionnels, c'est-à-dire, comme semblait l'indiquer l'étude, des individus qui, tout en ayant appris vaille que vaille à lire, à écrire et à compter, avaient de la difficulté à comprendre et à interpréter les textes et les documents dont ils avaient besoin dans le cours de leur vie quotidienne. Il en résultait, pour ces illettrés fonctionnels, un malaise larvé et une certaine difficulté de vivre.

Par exemple, alors que — c'est bien connu — nul citoyen n'est censé ignorer la loi, les illettrés fonctionnels s'égarent facilement dans le dédale des textes législatifs et administratifs qui balisent chacune des étapes de leur existence, de leur premier à leur dernier soupir, sans compter les formules qu'on les oblige à remplir pour les achats, les ventes, les assurances de toutes sortes, et, humiliation annuelle, les formulaires de l'impôt sur le revenu, dont on nous assure que les prochains seront encore plus complexes. S'agit-il de textes scientifiques, j'imagine que la proportion des illettrés s'élargit davantage et que la liste des contaminants ou les dépassements des normes de pollution, lorsqu'on essaie de les communiquer au public, déclenchent une telle incompréhension que les individus visés, incapables d'assimiler le torrent des informations, préfèrent réagir par l'hébétude plutôt que par la panique.

Des études comme celle de Southam Press engendrent souvent des effets pervers. Moi qui, à tort ou à raison, me suis toujours considéré comme le contraire d'un illettré, même fonctionnel, me voici rendu à me demander si je ne fais pas partie, dans certains domaines de la connaissance, de ces 28 % qui éprouvent de la difficulté à vivre avec les notions qu'ils sont censés connaître. Mon vocabulaire a beau être assez bien fourni, je confesse mon ignorance en beaucoup de matières qui font partie de l'univers scientifique et technique, y compris le nom des animaux et des plantes, celui des constellations ou des pièces d'instrumentation de haute technologie. Sur un registre plus familier, j'avoue même ma panique devant un formulaire d'impôt sur le revenu. Je considère donc faire partie des illettrés fonctionnels, dans l'espoir que nous sommes encore plus nombreux que ne l'affirme l'étude de Southam Press, et que nous formons peut-être en fait la majorité, ce qui serait tout de même une consolation.

En fait, nous, les illettrés fonctionnels, n'avons peut-être pas besoin de cette consolation d'être nombreux, car l'étude de Southam Press, en guise d'avertissement final, déclare qu'il n'existe pas de définition scientifique de ce qu'est un illettré fonctionnel: on a donc mesuré ce qu'on ne connaissait pas, ce qui revient à dire qu'on a mesuré n'importe quoi.

À cette occasion, il m'est revenu en mémoire une conversation à laquelle j'ai assisté entre Ionesco et un invité qui faisait grand état de sa logique et de sa rationalité. La conversation ayant débouché sur le sujet de la nourriture, l'invité rationnel évoqua un repas somptueux de fruits de mer qu'il avait dégusté à Paris. Emporté par l'enthousiasme, l'invité déclara à peu près ceci: «On m'a servi, monsieur Ionesco, sur une grande assiette d'un mètre de diamètre, ou de circonférence, je ne sais plus, une variété extraordinaire d'huîtres, de moules, d'oursins, et j'en oublie.» Ionesco, qui avait jusqu'alors gardé le silence, ouvrit péniblement sa paupière de phoque et dit, d'une voix calme: «Monsieur, si vous ne faites pas la différence entre un diamètre et une circonférence, il se peut que dans cette assiette on vous ait également servi de la baleine.»

La réforme de l'éducation au Japon

Comme les Québécois l'avaient fait au début des années soixante et comme ils recommencent à le faire en ces années quatre-vingt, les Japonais, à l'invitation de leur Premier ministre, remettent en cause leur système d'éducation, qui date de l'après-guerre immédiat. Mais la comparaison s'arrête là.

Au Québec, vingt ans après le chambardement des programmes et la construction de polyvalentes qui ressemblaient — déjà! — à des bunkers, nous constatons que nos enfants ne savent ni lire ni écrire correctement, ni compter autrement que par calculette, et que, dans le domaine des sciences, ceux qui sont nés depuis 1980 aborderont le XXIe siècle en véritables analphabètes de la pensée scientifique.

Au Japon, le phénomène est contraire, et ahurissant. Dans toutes les comparaisons qui sont faites sur le plan international, les étudiants japonais surpassent tous leurs concurrents, y compris les Américains, dans les épreuves de mathématiques, de sciences et dans tous les autres domaines où l'apprentissage par coeur est nécessaire. De quoi se plaignent donc les éducateurs japonais? Ils déplorent le manque de créativité des étudiants. Ces derniers, paraît-il, ne vont à l'école que pour accumuler des bonnes notes; elles sont la condition de leur accession aux classes supérieures et à l'Université, où la sélection, particulièrement rigoureuse, est fondée presque exclusivement sur l'accumulation des faits. Nos étudiants, déclare un éducateur japonais, n'apprennent pas à cultiver leur imagination et à faire preuve de créativité. Ils se conduisent comme des robots et, comme il existe déjà au Japon une usine où ce sont des robots qui fabriquent en série d'autres robots, il est à craindre que nos étudiants se révèlent moins intelligents que les robots industriels.

Ce constat, de nature purement qualitative, contraste avec les données quantitatives qui montrent un taux d'alphabétisation de 99 % au sein de la population japonaise, avec 94 % des élèves qui ont accès au secondaire, 37 % au collégial, mais une proportion moindre que la moyenne américaine dans les universités. Ces dernières, au Japon, mis à part quelques institutions d'État, n'atteignent pas le niveau d'excellence des grandes universités américaines. Il n'est donc pas étonnant que le nombre d'étudiants universitaires japonais inscrits aux États-Unis ait quintuplé de 1960 à 1983.

Cette faiblesse s'explique en partie par la priorité qui a été donnée, au Japon, à la formation technique spécialisée, dans les décennies qui ont suivi l'après-guerre. C'est ainsi que les industries de haute technologie ont embauché les meilleurs étudiants bien avant la fin de leurs cours universitaires. Cette politique a eu comme conséquence le remarquable essor industriel du Japon, qui se classe au deuxième rang mondial dans certains secteurs, et au premier dans d'autres. Mais la recherche fondamentale dans les universités japonaises en a souffert, tandis que la recherche appliquée et le développement, financés à 80 % par l'industrie, commencent à s'essouffler, faute d'assises suffisantes dans le domaine de la recherche pure. On voit même les Japonais financer ou carrément acheter des centres de recherche américains afin de profiter sur place de la circulation des idées et des technologies nouvelles.

Ce projet japonais d'une réforme de l'éducation visant à améliorer la créativité et la diversité ne s'applique pas uniquement à la concurrence avec les États-Unis; le Japon voit d'un mauvais oeil l'émergence de certains pays asiatiques, tels Taïwan et surtout la Corée du Sud, qui deviennent des concurrents menaçants. Comme quoi on est toujours le péril jaune de quelqu'un...

La grande question qui se pose, non seulement sur le plan scientifique et technologique mais également sur le plan culturel, c'est de savoir comment le Japon, que l'on a toujours considéré comme le pays par excellence de la tradition, va réussir à changer son comportement collectif, recherchant la diversité plutôt que l'uniformité, la créativité plutôt que le culte des traditions. Mais n'oublions pas que le Japon, immobile en profondeur, a toujours changé quand il le voulait. Le défi japonais, c'est de s'adapter et il a toujours réussi.

La bosse des mathématiques

Depuis quelques années, aux États-Unis comme au Canada, on s'inquiète de la médiocrité de la performance mathématique et scientifique, surtout au niveau du secondaire, où ont été concentrées les recherches. Une commission du Conseil national de recherches américain a été chargée de préparer des recommandations à cet effet et le Conseil des Sciences du Canada a également manifesté son inquiétude.

Les comparaisons qui ont été faites avec les étudiants d'autres pays industrialisés ne sont pas à l'avantage des Américains ni, sans doute, des Canadiens. Mais, curieusement, personne jusqu'à maintenant ne s'était avisé de voir quelle était la situation au tout début des années scolaires, plus précisément de la maternelle à la cinquième année.

Cette lacune vient d'être comblée, grâce à un groupe de chercheurs de Chicago, dont un Chinois d'origine. L'étude a porté sur trois groupes d'élèves, américains, chinois (de Taipei) et japonais (de Sunday), des groupes statistiquement comparables choisis à tous les niveaux du primaire, soit de la maternelle à la cinquième année inclusivement.

La première tranche de l'étude, qui vient d'être publiée, a porté sur la performance en mathématiques. On s'est efforcé, dans la mesure du possible, d'éviter les biais sociaux et culturels; par exemple, les villes choisies étaient de même profil socio-économique et les questions des tests étaient élaborées à partir des manuels en usage dans chacun des pays. Les résultats, hélas, n'ont pas de quoi nourrir la fierté américaine: le niveau de performance mathématique des enfants américains est inférieur à celui des Chinois et des Japonais dans toutes les années du cycle primaire. Ce qui est plus grave, on observe une dégradation de la performance américaine du niveau 1 au niveau 5. En première année, par exemple, on trouve quinze Américains au nombre des cent meilleures notes; en cinquième année, on n'en trouve plus qu'un seul. Inversement, on trouve cinquante-huit Américains au nombre des cent derniers en première année et soixante-sept en cinquième année.

Aucune explication sommaire ne peut rendre compte de différences aussi nettes entre ces groupes d'élèves; plusieurs facteurs entrent en ligne de compte, dont il est difficile d'apprécier le poids relatif. En premier lieu, le temps scolaire consacré aux mathématiques est le double à Taïwan et au Japon de ce qu'il est aux États-Unis, et le nombre de jours en classe par année est plus élevé de soixante jours; le nombre d'élèves par classe ne constitue pas un facteur, puisqu'il est nettement plus élevé en Asie qu'en Amérique. L'étude a fait apparaître d'autres facteurs auxquels on avait perdu l'habitude de réfléchir: le travail scolaire à la maison et l'engagement des parents. Le nombre d'heures d'étude à la maison est plus élevé en Asie qu'aux États-Unis et, surtout, les parents américains consacrent quatre fois moins de temps que leurs homologues asiatiques à aider les enfants dans leurs travaux. On peut ajouter que les mères américaines sont beaucoup plus satisfaites des résultats scolaires de leurs enfants que ne le sont les mères asiatiques, ce qui peut jouer un rôle décisif dans le relâchement de l'effort.

Cette double attitude des parents américains s'explique par leur conception particulière du rôle de l'école: l'école est le lieu où l'on apprend à lire et à compter; ce n'est pas aux parents de s'occuper de cet aspect de la formation des enfants. Cela pourrait sans doute s'extrapoler jusqu'au Québec...

La conclusion des auteurs de la recherche est sans équivoque: l'amélioration des programmes scolaires au secondaire ne résoudra pas le problème sans la participation vigoureuse des parents aux études de leurs enfants dès le début du primaire. Ce qui est finalement en jeu, c'est l'excellence scientifique et technologique des Occidentaux par rapport aux Orientaux.

Côté jardin, côté maison

Côté jardin des sciences, nous n'avons en général que l'embarras de la cueillette. Depuis un siècle, en effet, les disciplines scientifiques ont proliféré et certaines d'entre elles ont même poussé en orgueil. Nous devrons redessiner des allées, supprimer des gourmands.

Côté Maison des Sciences, rien du tout, et cela me paraît bien dommage, surtout pour les enfants qui vivent côté béton, entre les canyons urbains et les graminées souffreteuses des terrains vagues.

Côté jardin, l'engouement écologique multiplie et protège les espaces verts et porte même sa sollicitude jusqu'au lit du Saint-Laurent, du côté de Grondines, à des coûts qui frisent la centaine de millions de dollars pour une ligne d'Hydro-Québec.

Côté logique, on se demande ce qui retient le geste du ministre de l'Éducation, responsable du dossier. On le tient unanimement pour un homme de grande intégrité morale; il a l'oreille altière mais l'écoute attentive; peu sensible à l'émotion brute, on ne l'a vu danser qu'un seul été. Peut-être le dossier de la Maison des Sciences, trop lourd ou trop extravagant à ses yeux, lui est-il tombé des mains...

Si le ministre consentait à m'entendre, je me limiterais à évoquer devant lui un musée que je porte au coeur depuis mon enfance, dans un quartier où il a sans doute vécu à une époque voisine de la mienne.

Côté maison, c'étaient des logis ouvriers qui dégorgeaient leur haleine lorsque les parents venaient veiller sur le perron par les beaux soirs d'été...

Côté jardin, même l'herbe à poux grisonnait sous la poussière urbaine. Heureusement, côté jardin, le parc LaFontaine, tout près, faisait porter la fraîcheur de ses ramures jusque sous les voûtes de la Bibliothèque municipale, où l'on pouvait apprendre avec stupéfaction que le sulfate de cuivre était bleu et l'acétate, vert. La leçon de chimie dans un parc. C'est près de là, en allant vers le fleuve, que je découvris, un samedi d'automne, le musée industriel de l'École des Hautes Études commerciales.

Côté musée, si l'on peut ainsi parler, on voyait trois tronçons d'arbre, presque fossilisés, qui avaient servi de matériel d'échantillon pour une thèse de doctorat sur la teneur en manganèse des arbres de la province de Québec. Côté industriel, c'étaient de pauvres modèles à l'échelle réduite: une scierie, une machine à vapeur, peut-être une papeterie. Il suffisait d'appuyer sur un bouton pour que tout commence à s'agiter: des engrenages s'animaient, des roues entraînaient des bielles, des billots se déplaçaient, des lueurs brèves apparaissaient: la révolution industrielle s'ébranlait. Il a peut-être suffi simplement de cet humble musée maintes fois visité et de deux cristaux bleu et vert pour qu'un petit garçon urbain décide d'entreprendre des études de chimie. Telle est l'importance capitale d'un musée (ou d'une Maison des Sciences, c'est selon) pour faire rêver les garçons et les filles de nos villes et, par le jeu des ricochets, ceux des régions éloignées du Québec contemporain.

Côté spectacle, on a tout lieu de croire qu'un investissement initial d'une vingtaine de millions de dollars se traduira par des réalisations prestigieuses. Qu'est-ce, en effet, qu'une Maison des Sciences, sinon un assemblage savamment disposé, des décors audio-visuels statiques ou mobiles semblables à ceux que l'on construit dans nos studios de télévision? Or, dans ce domaine, nos artisans québécois ont montré une créativité qui n'a pas eu d'égale dans les autres pays évolués, y compris la France. Au cours des années cinquante, nos émissions pour enfants étaient sans rivales; nos émissions scientifiques, au dire de l'U.N.E.S.C.O., n'avaient aucun équivalent dans le monde occidental. Quant à nos décors de téléthéâtre, les spécialistes du réseau de télévision américain C.B.S. (Columbia Broadcasting System) affirmaient que Radio-Canada était *«the station of the fabulous set designers»*. Notre potentiel créateur est toujours aussi vivant et ne demande qu'à s'exprimer à l'occasion d'un nouveau défi.

Quant à l'écologie, qui partage avec le mot «maison» une étymologie commune, elle trouverait naturellement sa place dans une Maison des Sciences, non pas à l'occasion d'un combat contestable comme à Grondines, mais comme une discipline à connaître et à aimer, ce qui me paraît relever d'un ordre de valeurs nettement supérieur. Enfin, il serait hautement symbolique que les structures aériennes de la Maison des Sciences surgissent du sol au moment même où s'engloutiraient les câbles sous-fluviaux de Grondines.

Côté réaliste, si de nouveaux obstacles compromettent la réalisation du projet, nous continuerons d'attendre, convaincus qu'une société évoluée ne saurait se passer d'un tel équipement culturel. Nous nous retournerons donc côté Jardin des Sciences et, imitant le geste de Candide, nous essaierons de le cultiver.

À moins que nous n'imitions le geste de ce vieux paysan des bords du Richelieu qui, devenu inhabile aux travaux des champs, avait construit au milieu de son potager une maison, que dis-je?, une guérite, une sorte de cabanon. Lorsqu'on lui demandait à quoi cela pouvait bien lui être utile, il répondait: «C'est ici que j'aime venir m'asseoir à l'ombre pour regarder pousser mes tomates!»

*Un bilan
pour l'an 2000*
───────────────

Le XXᵉ siècle est terminé

Au cinéma, quand j'avais vingt ans, le spectacle était permanent: on y entrait à n'importe quelle heure et on en sortait parfois sans en attendre la fin. Le siècle dans lequel nous vivons est aussi un spectacle permanent: nous y sommes entrés au hasard de la naissance pour en sortir en une microseconde que dure notre rendez-vous inéluctable avec la mort.

Les survivants de ce spectacle se comportent comme si le XXᵉ siècle était déjà terminé. Somme toute, le XXᵉ siècle, c'est comme l'éternité: c'est très long à passer, surtout vers la fin. On attend tellement de merveilles de ce passage du deuxième millénaire au troisième que l'on rêve de voir se précipiter en cohortes les inventions, les découvertes, les guérisons miraculeuses qui vont apporter le bonheur et la paix sur les villes et sur les eaux.

Essayons de refaire l'exercice à l'envers. Cette décennie qui nous sépare de la date magique, soustrayons-la du temps présent et revoyons le monde de la science tel qu'il était à la toute fin des années soixante-dix. À mes yeux, les saisons dernières se confondent avec toutes les années précédentes d'un passé en désordre. Pour en dresser l'inventaire, ne serait-ce que sur le plan scientifique, il faudrait des références, des journaux, des dates. De toute façon, ce serait trop long pour ce peu d'espace qu'il nous reste.

À part la «Guerre des Étoiles», la miniaturisation des ordinateurs, la fibre optique dans les communications, l'apparition du sida et les progrès sans cesse abolis de la lutte anticancéreuse, rien n'a vraiment changé, à commencer par notre impatience et notre soif de nouveauté. Ce qui existe aujourd'hui existait déjà il y a dix ans ou pouvait être pressenti, même la persistance de l'horreur nucléaire, dont l'ampleur des conséquences à long terme dessine l'image d'une catastrophe écologique planétaire.

Il faut avoir l'optimisme chevillé au corps pour espérer que les années qui viennent vont écarter, grâce aux progrès scientifiques et techniques, les menaces qui sont notre lot collectif, ou même pour croire que la notion de progrès est indissolublement liée à la notion d'accélération de l'histoire. En d'autres mots, rien ne nous autorise à croire que les progrès de la prochaine décennie vont doubler ou tripler ceux de celle qui s'achève.

Ceux qui nous disent que 90 % de tous les chercheurs de l'histoire de l'humanité sont aujourd'hui vivants affirmaient la même chose il y a dix ans, mais personne ne nous dit si cela a des conséquences sur ce qui se passe dans le Tiers-Monde, sur la sécurité des avions Boeing ou, tout simplement, sur la qualité de la vie, laquelle était, nous l'a-t-on assez répété, la justification ultime de la recherche scientifique.

Pour cette décennie qui vient, dont le temps passera trop vite aux yeux des aînés et trop lentement au gré de la jeunesse fringante, il paraît mal avisé d'agiter des oriflammes. Comme la nostalgie, l'extrapolation n'est plus ce qu'elle était: elle a perdu son goût d'eau fraîche. Délivré du fardeau qui provoque la lordose des prophètes, il me reste le loisir de souhaiter, d'ici l'an 2000, la réponse à quelques questions qui sont du domaine de la recherche contemporaine et dont la solution permettrait sans doute d'aborder le troisième millénaire avec une lueur de sérénité. Ce sont des questions très naïves, mais cela nous suffira.

Nos sociétés de consommation, dénoncées depuis vingt ans par le mouvement écologique et par tous les scientifiques préoccupés de préserver l'épanouissement et l'équilibre naturel des espèces vivantes au sein de la biosphère, se sont transformées rapidement en sociétés de gaspillage, alors que nous pend au nez l'effondrement de notre civilisation. Les chercheurs ne pourraient-ils pas étudier et clarifier les mécanismes de réversion progressive vers un bilan énergétique plus équilibré? L'étude en a été faite récemment pour des populations africaines qui vivent en harmonie écologique depuis cent mille ans. Pourquoi pas nous?

Dans le domaine des communications, qui a connu tant d'innovations technologiques extraordinaires depuis le début du siècle, il reste encore à explorer la communication non verbale entre les êtres humains. Je ne parle pas de la communication chez les insectes par la vertu de ces molécules de communication appelées phéromones et qui ont été étudiées avec succès dans les années soixante-dix. Je parle de celle qui s'établit au sein d'une société humaine indépendamment des outils techniques de communication.

À ce sujet, on pourrait commencer par répondre à deux petites questions. Pourquoi, un certain matin de printemps 1738, alors que Haendel, fraîchement arrivé à Londres, dirigeait une répétition du *Messie* qu'il devait présenter le lendemain, pourquoi dix mille personnes sont-elles venues l'entendre à Hyde Park, alors qu'il n'y avait eu aucune publicité officielle? Pourquoi, de nos jours, indépendamment de toute publicité particulière, un ouvrage littéraire devient-il un best-seller et se retrouve-t-il lu aux quatre coins du monde? La réponse à ces deux petites questions nous éclairerait beaucoup sur la face cachée de la communication.

Enfin, puisqu'il faut tout de même faire une prédiction, je vais en risquer une, en y mettant une précaution oratoire. Les prophéties que l'on fait sont habituellement basées sur la certitude du changement dans les théories, dans les technologies ou dans les comportements. La mienne est fondée sur la constance. Je suis convaincu qu'à la première seconde de l'an 2000, dans le fracas de la musique et des feux d'artifice, dans une grande émotion d'adieu et de recommencement, il y aura quelque part deux amoureux aux yeux étoilés qui se reconnaîtront et qui se précipiteront l'un vers l'autre à la vitesse de la lumière.

Alors le troisième millénaire pourra commencer...

Index

A.D.N. 147
alcool 100-105
alimentation 23, 47
Alzheimer (maladie d') 129-131
analphabétisme 186, 187, 189

bombe atomique 68-70
bombe biologique 75

calcium 93-95
calories 88, 89
cancer 69, 80, 93, 96, 97, 146-154
cancérigènes (substances) 141, 143, 144
cerveau 120-122, 132
cholestérol 90-92
chromosomes 17, 117-119, 130, 131
communication 202

démographie 30-32

écologie 80-82, 197
éducation 189-190
environnement 65-67, 77, 79, 80, 82, 127, 141, 143, 162
épidémiologie 18-20, 98
exercice physique 87, 89

femmes 15-17, 24-26, 31, 32, 150

génétique 14, 37, 114-116, 129, 159, 162
génome humain 146, 147, 159-161
greffe 128
grossesse 25-29, 128

insectes 34-39
intelligence animale 36, 38, 41, 43

jumeaux 123-125

Maison des Sciences 195-197
mathématiques 192, 193
médicament 59-61, 91, 109-111
métabolisme 87-89
mortalité 15, 16, 18, 149, 150

natalité 30-32
navette spatiale 175
nutrition 84

oestrogène 93
ostéoporose 93-95

Parkinson (maladie de) 126-128
plasmodium 49-51
pollution 65-67, 77, 81, 82, 127, 142
psychiatrie 135-137

radiations 25, 68-70
rat blanc 46-48
recherche 34-36, 157
régimes 84-86
risque 21-23, 68-70, 78

satellites 57, 58
sociobiologie 37-39

tabac 27-29, 96-98
T.E.V. 17-19
Tiers-Monde 64, 201

vieillissement 12-14
virus 146
vulgarisation 156-158

Table des matières

Le cristal et la chimère, par Fernand Seguin 7

Préface, par Jean-Marc Carpentier 9

La vie 11
L'individu de 115 ans... 12
La longévité des femmes.. 15
Le nouveau visage de l'épidémiologie 18
L'incertitude des risques 21
Travail et grossesse: le danger des écrans
    cathodiques.. 24
Plaidoyer pour la femme enceinte 27
Les ressorts de la natalité 30

Les animaux.. 33
La joie de connaître 34
Les insectes sociaux: chaque âge a ses travaux......... 37
La sculpture par les abeilles.................................. 40
La vision consciente chez le mouton 43
L'esclavage du rat blanc.. 46
Le plasmodium, un être fabuleux.......................... 49
Du hibou des neiges au drapeau d'Alfred Pellan 52

La Terre 55

Les constellations terrestres 56
Les médicaments de la forêt tropicale 59
L'avenir du sac à ordures 62
Les courtiers de la pollution 65
La mesure de l'horreur 68
Le tour du Brésil 71
Petite histoire de la guerre bactériologique 74
Les fanatiques de l'environnement 77
Le bonhomme Sept-Heures de l'écologie 80

Les nourritures 83

La nouvelle alimentation miracle 84
L'exercice et le métabolisme 87
Le cholestérol: qui trop embrasse mal étreint 90
L'ostéoporose: un regard neuf 93
Le tabagisme et l'intolérance 96
Une providence pour les ivrognes 100
Alcoolisme: des recherches dans l'impasse 103
Les mangeurs de terre 106
La pilule n'a pas de prix 109

Le corps 113

La frivolité de la carte génétique 114
Le commutateur du sexe 117
Le développement du cerveau 120
Les jumeaux comme cobayes 123
La maladie de Parkinson: un modèle inattendu 126
La maladie d'Alzheimer: une cause génétique? 129
La nouvelle révolution psychiatrique 132
Le pas de Gamelin 135

Le cancer 139

Les cancers potentiels 140
Les repentirs du docteur Ames 143
Les gènes et le cancer 146
La survie des cancéreux 149
L'acharnement thérapeutique 152

La société 155
Les relations publiques de la science 156
Les entrepreneurs du code génétique 159
La virginité du professeur Testart 162
La volte-face de Freud.. 165
Un procès scientifique international..................... 169
L'invention de la roue 172
L'espace d'une seconde....................................... 175
Le Chercheur inconnu 178
La science en vase clos.. 181

L'éducation 185
Les aveux d'un illettré fonctionnel....................... 186
La réforme de l'éducation au Japon 189
La bosse des mathématiques................................ 192
Côté jardin, côté maison 195

Un bilan pour l'an 2000 199
Le XXe siècle est terminé 200

Index.. 205

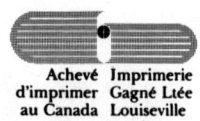

Achevé Imprimerie
d'imprimer Gagné Ltée
au Canada Louiseville